Eduardo Cesar Alves Cruz

ELETRICIDADE BÁSICA
CIRCUITOS EM CORRENTE CONTÍNUA

2ª EDIÇÃO

Av. Dra. Ruth Cardoso, 7221, 1º Andar, Setor B
Pinheiros – São Paulo – SP – CEP: 05425-902

SAC Dúvidas referentes a conteúdo editorial, material de apoio e reclamações:
sac.sets@somoseducacao.com.br

Diretora executiva	Flávia Alves Bravin
Gerente executiva	Renata Pascual Müller
Gerente editorial	Rita de Cássia S. Puoço
Editora de aquisições	Rosana Ap. Alves dos Santos
Editoras	Paula Hercy Cardoso Craveiro
	Silvia Campos Ferreira
Produtor editorial	Laudemir Marinho dos Santos
Serviços editoriais	Kelli Priscila Pinto
	Marília Cordeiro
Revisão	Julia Pinheiro
Diagramação	Camilla Felix
Impressão e acabamento	Gráfica Eskenazi

DADOS INTERNACIONAIS DE CATALOGAÇÃO NA PUBLICAÇÃO (CIP)
ANGÉLICA ILACQUA CRB-8/7057

Cruz, Eduardo Cesar Alves
  Eletricidade básica: circuitos em corrente contínua / Eduardo Cesar Alves Cruz. – 2. ed. – São Paulo: Érica, 2020.
  144 p.

  Bibliografia
  ISBN 978-85-365-2979-0

  1. Circuitos elétricos – Corrente contínua 2. Eletricidade I. Título

18-0830
CDD 621.3192
CDU 621.3

Índices para catálogo sistemático:
1. Circuitos em corrente contínua : Engenharia eletrônica

Copyright© Eduardo Cesar Alves Cruz
2020 Saraiva Educação
Todos os direitos reservados.

2ª edição
1ª tiragem: 2020

Nenhuma parte desta publicação poderá ser reproduzida por qualquer meio ou forma sem a prévia autorização da Saraiva Educação. A violação dos direitos autorais é crime estabelecido na Lei n. 9.610/98 e punido pelo art. 184 do Código Penal.

| CO | 7110 | CL | 642081 | CAE | 628345 |

AGRADECIMENTO

Ao Otávio, meu filho e ex-aluno, do qual fui o "paifessor". À Carmen, esposa e amiga de muitas obras. Ao Salomão e ao Celso, mais que colegas, amigos de profissão.

Aos meus alunos de tantos anos, aos quais reservo um especial carinho, pois são parte importante de tudo que aprendi.

Aos colegas e amigos professores, com os quais sempre compartilhei minhas dúvidas e meus modestos conhecimentos.

Ao professor Francisco Capuano, pela colaboração na elaboração do material complementar deste livro.

Aos amigos da Editora Érica, por mais de vinte anos de parceria.

ESTE LIVRO POSSUI MATERIAL DIGITAL EXCLUSIVO

Para enriquecer a experiência de ensino e aprendizagem por meio de seus livros, a Saraiva Educação oferece materiais de apoio que proporcionam aos leitores a oportunidade de ampliar seus conhecimentos.

Nesta obra, o leitor que é aluno terá acesso ao gabarito das atividades apresentadas ao longo dos capítulos. Para os professores, preparamos um plano de aulas, que o orientará na aplicação do conteúdo em sala de aula.

Para acessá-lo, siga estes passos:

1. Em seu computador, acesse o link: **http://somos.in/EBCC2**
2. Se você já tem uma conta, entre com seu login e senha. Se ainda não tem, faça seu cadastro.
3. Após o login, clique na capa do livro. Pronto! Agora, aproveite o conteúdo extra e bons estudos!

Qualquer dúvida, entre em contato pelo e-mail **suportedigital@saraivaconecta.com.br**.

SOBRE O AUTOR

Eduardo Cesar Alves Cruz é técnico eletrônico formado, em 1978, pela antiga ETI Lauro Gomes, e engenheiro eletrônico formado, em 1984, pela FEI. Atua como escritor da área técnica, com diversas publicações nas áreas de eletricidade, eletrônica e instalações elétricas, e como docente em escola técnica e faculdade de tecnologia.

Em 1988 e em 1992, desenvolveu trabalho de pesquisa como professor convidado do curso de Física-Médica, no Laboratório de Laser da Technische Fachhochschule (TFH) em Berlim, na Alemanha. Também desenvolve pesquisas e materiais didático-pedagógicos voltados ao ensino e à avaliação orientados por projetos e desenvolvimento de competências em um programa denominado "Educatrônica".

SUMÁRIO

Capítulo 1 – Conceitos Matemáticos 13
    1.1 Hierarquia de operações matemáticas 13
    1.2 Potência de dez 14
        1.2.1 Adição e subtração com potências de dez 15
        1.2.2 Multiplicação e divisão com potências de dez 15
        1.2.3 Potenciação e radiciação com potências de dez 16
    1.3 Prefixos métricos 16
    1.4 Teoria dos erros 17
        1.4.1 Incerteza e algarismos significativos 17
        1.4.2 Medida em instrumento digital 19
        1.4.3 Precisão 19
        1.4.4 ipos de erro 20
    1.5 Teoria do arredondamento 20
    Agora é com você! 22

Capítulo 2 – Fundamentos de Eletricidade 25
    2.1 Energia elétrica e outras formas de energia 25
    2.2 Principais grandezas da eletrostática e da eletrodinâmica 26
    2.3 Carga elétrica 27
        2.3.1 Princípio fundamental da eletrostática 28
        2.3.2 Carga elétrica elementar 29
    2.4 Condutor e isolante 29
        2.4.1 Condutor elétrico 29
        2.4.2 Isolante elétrico 30
    2.5 Eletrização dos corpos 30
        2.5.1 Carga total de um corpo 30
        2.5.2 Processos de eletrização 30
    2.6 Campo elétrico 32
        2.6.1 Linhas de campo 32
        2.6.2 Intensidade do campo elétrico 32
        2.6.3 Comportamento das linhas de campo 33
    Agora é com você! 34

Capítulo 3 – Tensão e Corrente 35
    3.1 Potencial elétrico 35
        3.1.1 Intensidade do potencial elétrico 35
        3.1.2 Superfícies equipotenciais 36
        3.1.3 Diferença de potencial 36
    3.2 Tensão elétrica 37
    3.3 Corrente elétrica 39
        3.3.1 Intensidade da corrente elétrica 40
        3.3.2 Corrente elétrica convencional 40
    Agora é com você! 42

Capítulo 4 – Equipamentos de Bancada 43
    4.1 Fontes de alimentação 43
        4.1.1 Pilhas e baterias 43
        4.1.2 Fontes de alimentação eletrônicas 45
        4.1.3 Corrente contínua (CC) 46
        4.1.4 Corrente alternada (CA) 47
    4.2 Instrumentos de medidas elétricas 49
        4.2.1 Multímetro 49
        4.2.2 Voltímetro 50
        4.2.3 Amperímetro 52
        4.2.4 Amperímetro de alicate 53
    Agora é com você! 55

Capítulo 5 – Resistência Elétrica e Primeira Lei de Ohm 57
    5.1 Bipolos gerador e receptor 57
    5.2 Resistência elétrica 58
    5.3 Primeira lei de Ohm 60
    5.4 Tipos de resistência 62
        5.4.1 Resistências ôhmicas e não ôhmicas 62
        5.4.2 Resistências fixas 63
        5.4.3 Resistências variáveis 69
    5.5 Ohmímetro 71
    Agora é com você! 73

Capítulo 6 – Resistência Elétrica e Outras Características 77
    6.1 Segunda lei de Ohm 77
    6.2 Relação entre resistência e temperatura 79
    6.3 Dispositivos resistivos sensíveis à luz e à temperatura 81
        6.3.1 LDR 81
        6.3.2 NTC 82
    Agora é com você! 84

Capítulo 7 – Potência e Energia Elétricas 87
    7.1 Potência elétrica 87
        7.1.1 Conceito de potência elétrica 87
        7.1.2 Wattímetro 89
    7.2 Energia elétrica 91
        7.2.1 Conceito de energia elétrica 91
        7.2.2 Medidor de energia elétrica 92
    Agora é com você! 93

Capítulo 8 – Fundamentos de Análise de Circuitos 95
    8.1 Elementos de um circuito elétrico 95
        8.1.1 Nó 95
        8.1.2 Ramo 96

8.1.3 Malha 96
8.2 Leis de Kirchhoff 96
8.2.1 Lei dos nós 96
8.2.2 Lei das malhas 98
8.3 Associação de resistores 99
8.3.1 Associação série 99
8.3.2 Associação paralela 102
8.3.3 Associação mista 106
8.3 4 Configurações estrela e triângulo 111
Agora é com você! 113

Capítulo 9 – Aplicações Básicas de Circuitos Resistivos 119
9.1 Divisor de tensão 119
9.2 Divisor de corrente 121
9.3 Ponte de Wheatstone 122
9.3.1 Circuito básico e condição de equilíbrio 122
9.3.2 Ohmímetro em ponte 123
9.3.3 Instrumento de medida de uma grandeza qualquer 125
9.4 Circuitos para sistemas programáveis 126
9.5 Circuitos de entrada para sistemas programáveis 126
9.5.1 Entradas digitais com chaves 127
9.5.2 Entradas analógicas com dispositivos de resistência variável 130
9.6 Circuitos de saída a LED para sistemas programáveis 133
9.6.1 LED – Diodo emissor de luz 133
9.6.2 Circuitos de saída a LED ativo em níveis alto e baixo 134
Agora é com você! 137

Bibliografia 141

APRESENTAÇÃO

Este livro está estruturado de modo a propiciar um ensino de eletricidade compatível com componentes curriculares iniciais dos cursos técnicos da área elétrica, como eletrônica, eletromecânica, eletroeletrônica, automação industrial, mecatrônica e telecomunicações.

Seu conteúdo é totalmente focado nos conceitos primordiais da eletricidade, assim como em dispositivos e equipamentos de bancada essenciais para a sua compreensão.

O livro inicia com um breve estudo dos fundamentos matemáticos de uso corrente nesta área, e segue para a apresentação e análise dos conceitos primários de eletricidade: tensão, corrente, resistência e potência.

Simultaneamente, vários dispositivos são analisados, como pilha, bateria, resistor, potenciômetro, *trimpot*, NTC e LDR; e vários equipamentos como fonte de alimentação, multímetro e wattímetro.

Na sequência, o livro aborda os princípios de análise de circuitos em corrente contínua, com suas principais leis e técnicas: leis de Ohm, leis de Kirchhoff, associação de resistores e divisores de tensão e corrente, e a ponte de Wheatstone.

Por fim, são apresentadas algumas aplicações práticas baseadas nos fundamentos analisados no livro, como instrumento de medida de uma grandeza qualquer e circuitos de entrada e saída para sistemas programáveis como microcontroladores, Arduino etc.

Além disso, no decorrer da obra são apresentadas pequenas biografias de cientistas cujos nomes tornaram-se unidades de medidas de grandezas elétricas.

Todos os capítulos foram desenvolvidos usando uma abordagem matemática objetiva, e possuem exercícios resolvidos e propostos.

1

CONCEITOS MATEMÁTICOS

PARA COMEÇAR

Neste capítulo veremos alguns conceitos matemáticos importantes para o estudo da eletricidade: hierarquia de operações matemáticas, potência de dez, prefixos métricos, teoria dos erros e teoria do arredondamento.

1.1 Hierarquia de operações matemáticas

As operações matemáticas guardam entre si uma relação de *hierarquia* no processo de resolução.

Das quatro operações básicas, a *multiplicação* e a *divisão* têm prioridade em relação à *adição* e a *subtração*, independentemente da ordem em que elas aparecem na expressão.

EXERCÍCIO RESOLVIDO

1. Resolva as expressões seguintes respeitando a hierarquia das operações envolvidas:

   Solução
   a) $3 \cdot 8 + 7 = 24 + 7 = 31$
   b) $7 + 3 \cdot 8 = 7 + 24 = 31$
   c) $60 / 5 + 25 = 12 + 25 = 37$
   d) $25 + 60 / 5 = 25 + 12 = 37$
   e) $2 \cdot 7 - 5 = 14 - 5 = 9$
   f) $-5 + 2 \cdot 7 = -5 + 14 = 9$

A hierarquia entre as operações matemáticas pode ser *alterada* usando os recursos denominados **parênteses ( )**, **colchetes [ ]** e **chaves { }**, nesta ordem.

> **EXERCÍCIO RESOLVIDO**
>
> **2.** Resolva as expressões seguintes respeitando a hierarquia das operações envolvidas:
>
> **Solução**
>
> a) $3 \cdot (8+7) = 3 \cdot 15 = 45$
>
> b) $(-5+2) \cdot 7 = -3 \cdot 7 = -21$
>
> c) $(25+60)/5 = 85/5 = 17$
>
> d) $[(-9+6) \cdot (7-2)] + (6-15) = [(-3) \cdot 5] + (-9) = -15 - 9 = -24$
>
> e) $\{(8+2) \cdot [(3-15) \cdot (7+8)]\}/(3+6) = \{10 \cdot [(-12) \cdot 15]\}/9 = \{10 \cdot [-180]\}/9 = -1800/9 = -200$

Quando as expressões envolvem as operações básicas e *outras funções matemáticas*, como radiação e potenciação, as funções passam a ser prioritárias, a menos que os recursos de parênteses, colchetes e chaves sejam utilizados ou que esteja nítida a hierarquia entre as operações.

> **EXERCÍCIO RESOLVIDO**
>
> **3.** Resolva as expressões seguintes respeitando a hierarquia das operações envolvidas:
>
> **Solução**
>
> a) $5 - \sqrt{169} = 5 - 13 = -8$
>
> b) $5 - \sqrt{169/13 - 4} - 4 = 5 - \sqrt{13-4} - 4 = 5 - \sqrt{9} - 4 = 5 - 3 - 4 = -2$
>
> c) $(6+4)^3/5^2 = 10^3/25 = 1000/25 = 40$

1.2 Potência de dez

A *potência de dez* é um recurso matemático utilizado para representar, de forma simplificada, quantidades muito grandes ou muito pequenas por meio da multiplicação do algarismo significativo pela base dez elevada a um expoente positivo ou negativo.

Em eletricidade, é importante que o expoente seja um *múltiplo de três*, pois isso facilita a utilização de prefixos métricos, conforme veremos no item 1.3.

EXERCÍCIO RESOLVIDO

4. Represente os valores a seguir usando potências de dez com expoentes múltiplos de três:

   Solução

   a) $2540 = 2,54 \cdot 10^3$

   b) $0,00834 = 8,34 \cdot 10^{-3}$

   c) $68000000 = 68 \cdot 10^6$

   d) $0,000000000057 = 57 \cdot 10^{-12}$

1.2.1 Adição e subtração com potências de dez

Para realizar essas operações, deve-se ajustar as potências de dez dos operandos para um mesmo expoente e somar ou subtrair os seus algarismos significativos, conforme a operação desejada.

EXERCÍCIO RESOLVIDO

5. Resolva as expressões:

   Solução

   a) $35 \cdot 10^{-5} + 8,6 \cdot 10^{-3} = 0,35 \cdot 10^{-3} + 8,6 \cdot 10^{-3} = (0,35 + 8,6) \cdot 10^{-3} = 8,95 \cdot 10^{-3}$

   b) $95 \cdot 10^4 - 3,8 \cdot 10^5 = 9,5 \cdot 10^5 - 3,8 \cdot 10^5 = (9,5 - 3,8) \cdot 10^5 = 5,7 \cdot 10^5 = 570 \cdot 10^3$

1.2.2 Multiplicação e divisão com potências de dez

Para realizar essas operações, deve-se multiplicar ou dividir os algarismos significativos dos operandos e, respectivamente, somar ou subtrair os expoentes das potências de dez, conforme a operação desejada.

EXERCÍCIO RESOLVIDO

6. Resolva as expressões:

   Solução

   a) $4,5 \cdot 10^3 \cdot 20 \cdot 10^4 = 4,5 \cdot 20 \cdot 10^{3+4} = 90 \cdot 10^7$

   b) $\dfrac{48 \cdot 10^6}{1,2 \cdot 10^4} = \dfrac{48}{1,2} \cdot 10^{6-4} = 40 \cdot 10^2 = 4 \cdot 10^3$

CONCEITOS MATEMÁTICOS

1.2.3 Potenciação e radiciação com potências de dez

Para usar a potenciação, deve-se aplicar a potência ao algarismo significativo e multiplicar o expoente da base dez pela potência.

Na radiciação, deve-se extrair a raiz do algarismo significativo e dividir o expoente da base dez pelo índice da raiz.

> **EXERCÍCIO RESOLVIDO**
>
> **7.** Resolva as expressões:
>
> **Solução**
>
> a) $(-2 \cdot 10^{-2})^3 = (-2)^3 \cdot 10^{(-2) \cdot 3} = -8 \cdot 10^{-6}$
>
> b) $\sqrt[3]{27 \cdot 10^9} = \sqrt[3]{27} \cdot 10^{9/3} = 3 \cdot 10^3$

1.3 Prefixos métricos

Os *prefixos métricos* são símbolos que substituem determinadas potências de dez, simplificando ainda mais a representação de quantidades muito grandes ou muito pequenas.

Em eletricidade, os prefixos métricos são utilizados, particularmente, para representar potências de dez com *expoentes múltiplos de três*.

A Tabela 1.1 apresenta os prefixos métricos múltiplos de três, desde −18 até +18.

Tabela 1.1 - Prefixos métricos

Submúltiplos			Múltiplos		
Prefixo	Símbolo	Valor	Prefixo	Símbolo	Valor
atto	a	10^{-18}	quilo	k	10^3
femto	f	10^{-15}	mega	M	10^6
pico	p	10^{-12}	giga	G	10^9
nano	n	10^{-9}	tera	T	10^{12}
micro	μ	10^{-6}	peta	P	10^{15}
mili	m	10^{-3}	exa	E	10^{18}

Observe que todos os símbolos dos prefixos métricos do grupo dos *submúltiplos* são *minúsculos*, e que no grupo dos *múltiplos* apenas o símbolo do quilo é representado por letra *minúscula*, sendo os demais representados por letras *maiúsculas*.

> **EXERCÍCIO RESOLVIDO**
>
> **8.** Represente as quantidades a seguir usando prefixos métricos:
>
> **Solução**
>
> a) $1000 \text{ g} = 10^3 \text{ g} = 1 \text{ kg}$ → um quilograma
>
> b) $0,005 \text{ g} = 5 \cdot 10^{-3} \text{ g} = 5 \text{ mg}$ → cinco miligramas
>
> c) $0,0000000024 \text{ C} = 2,4 \cdot 10^{-9} \text{ C} = 2,4 \text{ nC}$ → dois vírgula quatro nano coulomb
>
> d) $450000000 \text{ W} = 450 \cdot 10^6 \text{ W} = 450 \text{ MW}$ → quatrocentos e cinquenta megawatt

1.4 Teoria dos erros

1.4.1 Incerteza e algarismos significativos

A *teoria dos erros* é uma forma de se obter medidas experimentais e manipulá-las com o objetivo de obter resultados com a maior precisão possível.

Para compreender essa teoria e permitir a sua utilização de forma adequada, vamos observar o resultado da medida de uma tensão feita por um voltímetro analógico, ou seja, de ponteiro, conforme mostra a Figura 1.1.

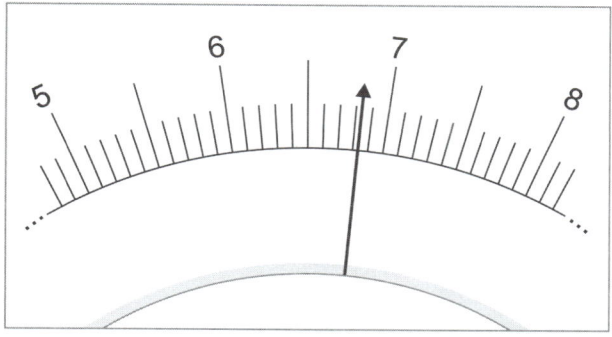

Figura 1.1 - Medida de tensão por voltímetro analógico.

Nesse instrumento, a escala de medição é dividida em dez partes iguais de 1 V, podendo, assim, medir tensões de zero a 10 V. Cada divisão é, por sua vez, subdividida em dez partes iguais de 0,1 V. Essas subdivisões estão bem demarcadas na escala do instrumento.

Analisando a posição indicada pelo ponteiro, podemos fazer a seguinte leitura: 6,8 V. Observamos, porém, que a tensão real é superior a 6,8 V, porém esse pequeno valor a mais não pode ser precisado, já que as subdivisões marcadas não contêm outras subdivisões. No entanto, esse pequeno valor pode ser *estimado*, sendo essa estimativa denominada *incerteza intrínseca*.

Enquanto os dois primeiros algarismos da medida (6 e 8) são certos, o valor estimado é um *algarismo duvidoso*, pois depende principalmente da percepção da pessoa que realiza a medição.

Por exemplo, o operador do instrumento pode apresentar o seguinte resultado: a tensão mais provável, na sua percepção, é 6,84 V, podendo valer entre 6,83 e 6,85 V. Embora o *algarismo menos significativo* da medida (4) seja *duvidoso*, é certo que a medida 6,84 V está muito mais próxima do valor real do que se ela contivesse apenas os algarismos dos quais se há absoluta certeza, isto é, 6,8 V. Portanto, a medida 6,84 V possui um erro menor que a medida 6,8 V.

Denominam-se *algarismos significativos* de uma medida como sendo todos os algarismos que temos certeza acrescidos de *um único algarismo duvidoso*. Perceba que não faria sentido um operador, com esse mesmo instrumento, apresentar como resultado da medida o valor 6,847 V, pois 4 já é o algarismo duvidoso, tendo sido estimado, de modo que o 7 seria uma nova subdivisão de um valor estimado.

EXERCÍCIO RESOLVIDO

9. Dados os instrumentos a seguir, indique se as medidas estão ou não corretamente identificadas pelos algarismos significativos usando (C) para correta e (E) para errada:

a) régua graduada em centímetros com dez subdivisões:

I – 12,42 cm ( )
II – 24 mm ( )
III – 24,7 mm ( )
IV – 8,276 cm ( )

b) balança graduada em quilogramas com dez subdivisões:

I – 1,72 kg ( )
II – 12,45 kg ( )
III – 483 g ( )
IV – 0,63 kg ( )

c) amperímetro graduado em ampères com dez subdivisões:

I – 4,545 A ( )
II – 75 mA ( )
III – 15 A ( )
IV – 6,75 A ( )

Solução

a) Cada subdivisão vale 1 mm, sendo o algarismo duvidoso de décimos de milímetro (0,X mm) ou centésimo de centímetro (0,0X cm):

I – 12,42 cm (C): o valor 12,4 cm é medido com certeza e 0,02 cm é o valor estimado (algarismo duvidoso).

II – 24 mm (E): o valor 24 mm é medido com certeza, mas falta o algarismo duvidoso, mesmo que seja nulo (24,0 mm).

III – 24,7 mm (C): o valor 24,7 mm é medido com certeza e 0,7 mm é o valor estimado (algarismo duvidoso).

IV – 8,276 cm (E): o valor 8,2 cm é medido com certeza, 0,07 cm é o valor estimado, mas 0,006 cm não pode ser obtido.

b) Cada subdivisão vale 100 g, sendo o algarismo duvidoso de centésimos de quilograma (0,0X kg) ou X0 g:

I – 1,72 kg (C): o valor 1,7 kg é medido com certeza e 0,02 kg é o valor estimado (algarismo duvidoso).

II – 12,45 kg (C): o valor 12,4 kg é medido com certeza e 0,05 kg é o valor estimado (algarismo duvidoso).

III – 483 g (E): 483 g = 0,483 kg, sendo que o valor 0,4 kg é medido com certeza, 0,08 kg é o valor estimado, mas 0,003 kg não pode ser obtido.

IV – 0,63 kg (C): o valor 0,6 kg é medido com certeza e 0,03 kg é o valor estimado (algarismo duvidoso).

c) Cada subdivisão vale 0,1 A ou 100 mA, sendo o algarismo duvidoso de centésimos de ampère (0,0X A) ou X0 mA:

I – 4,545 A (E): o valor 4,5 A é medido com certeza, 0,04 A é o valor estimado, mas 0,005 A não pode ser obtido.

II – 75 mA (E): 75 mA = 0,075 A, sendo que o valor 0,0 A é medido com certeza, 0,07 A é o valor estimado, mas 0,005 A não pode ser obtido.

III – 15 A (E): o valor 15 A é medido com certeza, mas falta indicar uma subdivisão que pode ser medida com certeza e o algarismo duvidoso, mesmo que sejam nulos (15,00 A).

IV – 6,75 A (C): o valor 6,7 A é medido com certeza e 0,05 A é o valor estimado (algarismo duvidoso).

1.4.2 Medida em instrumento digital

Em instrumentos de medida digitais, os algarismos significativos da medida são todos os que aparecem no display. Mas note que o algarismo menos significativo, isto é, o da direita no display, em todas as medidas ele pode ficar oscilando em torno de um valor. Nesse caso, ele representa o algarismo duvidoso, devendo ser estimado pelo operador por meio de observação.

1.4.3 Precisão

O conceito de precisão depende do tipo de valor ou medida.

Em instrumentos de medidas, adota-se como precisão o valor da metade da menor divisão da escala graduada. Por exemplo, em uma balança graduada em quilogramas com dez subdivisões, cada subdivisão vale 0,1 kg, ou seja, 100 g. Nesse caso, a precisão é de 50 g.

Em dispositivos, é comum os fabricantes apresentarem a precisão de forma *percentual*. Por exemplo, um resistor possui resistência igual a (1000 ± 5%) Ω, de modo que o fabricante está informando que a resistência pode valer entre 950 e 1050 Ω, pois 5% de 1000 Ω é igual a 50 Ω.

1.4.4 Tipos de erro

Como vimos, toda medida de grandeza possui uma incerteza causada pelas limitações do instrumento de medida (nível de precisão) e pela percepção do operador. Há, porém, outras fontes de incertezas que cumulativamente resultam no que denominamos erro de medida.

Os erros podem ser classificados como:

▸ **Sistemáticos:** são erros provocados por falhas do operador ou do instrumento de medida.

Exemplos:

calibração errada do instrumento;

relógio que opera adiantado ou com atraso;

atraso de tempo do operador na tomada da medida;

interferência do instrumento no sistema no qual ele faz a medida;

dilatação da régua de medida.

▸ **Grosseiros:** são erros provocados por falhas grosseiras do operador.

Exemplos:

ligação incorreta do instrumento;

erro de leitura da medida (o operador lê 35, quando o correto é 350);

engano na utilização de prefixo métrico (o operador anota 35 mV, quando o correto é 35 μV).

Os erros grosseiros podem ser eliminados por procedimentos cuidadosos e pela concentração do operador.

▸ **Acidentais ou aleatórios:** são erros provocados por diversas causas imprevisíveis relacionadas ao instrumento e ao operador.

Exemplos:

condições ambientais (temperatura, umidade, pressão etc.);

deficiência visual e/ou auditiva do operador;

erro de paralaxe (desvio do olhar na leitura de medida por instrumento de ponteiro);

estimativa do algarismo duvidoso.

Os erros acidentais ou aleatórios não podem ser eliminados totalmente, mas são possíveis de serem minimizados pela experiência e habilidade do operador.

1.5 Teoria do arredondamento

O *arredondamento* é um recurso adotado para abreviar quantidades com muitas casas decimais, desde que o *erro inserido* não comprometa o resultado do que está sendo avaliado.

Valores com muitas casas decimais são comuns, sobretudo quando são obtidos por operações matemáticas realizadas por calculadoras.

É possível encontrar diferentes métodos de arredondamento, mas a norma brasileira NBR 5891:1977 e a norma internacional ISO 31-0:1992 propõem critérios técnicos da norma apresentados na Tabela 1.2.

Tabela 1.2 - Critérios técnicos de arredondamento

Após definir o número desejado de casas decimais, o último algarismo deve:
I) ser conservado se o seguinte for inferior a 5;
II) ser acrescido de uma unidade se o seguinte for superior a 5 ou igual a 5 seguido de outros algarismos;
III) ser conservado se ele for par e se o seguinte for igual a 5, apenas;
IV) ser acrescido de uma unidade se ele for ímpar e se o seguinte for igual a 5, apenas.

EXERCÍCIO RESOLVIDO

10. Para os exemplos seguintes foram definidas duas casas decimais após a vírgula:

Usando o critério I:

a) 35,762 = 35,76

b) 4,914 = 4,91

Usando o critério II:

a) 68,937 = 68,94

b) 334,78539 = 334,79

Usando o critério III:

a) 83,325 = 83,32

b) 44,445 = 44,44

Usando o critério IV:

a) 55,555 = 55,56

b) 2,795 = 2,80

VAMOS RECAPITULAR?

Analisamos neste primeiro capítulo diversos conceitos matemáticos que serão utilizados nos capítulos seguintes, com o intuito de facilitar a compreensão dos fenômenos, conceitos e leis da eletricidade.

AGORA É COM VOCÊ!

1. Resolva as expressões seguintes, manualmente e usando calculadora, respeitando a hierarquia das operações envolvidas:

   a) 15 + 7 · 9 =

   b) 12 . 8 + 25 =

   c) 39 / 3 – 18 =

   d) 27 – 45 / 15 =

   e) (15 + 7) · 9 =

   f) 2 · (8 + 25) =

   g) 45 / (3 – 18) =

   h) (27 – 45) / 6 =

   i) {15 · 2 + [13 · 4 / (98 – 32 · 3)]} · 5 =

   j) [5 + (3 – 6) · (9 – 2.5)] · [18 + 4] =

2. Resolva as expressões seguintes, manualmente e usando calculadora, respeitando a hierarquia das operações envolvidas:

   a) $[5 + (3 - 6)^3] \cdot [(3 - 6)^3]^2 =$

   b) $\left(20 - \sqrt{256/4^2}\right)^3 =$

   c) $\sqrt{5^2 - (4)^2} =$

   d) $\sqrt{5^2 + (-4)^2} =$

3. Represente os valores a seguir usando potências de dez com expoentes múltiplos de três:

   a) 0,00000000205 =

   b) 31400000000000000000 =

   c) 0,0000456 =

   d) 900000000000 =

4. Resolva as expressões a seguir, manualmente e usando calculadora:

a) $2,85 \cdot 10^{-7} + 0,075 \cdot 10^{-4} =$

b) $-47,5 \cdot 10^6 + 0,00066 \cdot 10^{12} =$

c) $50 \cdot 10^{-6} \cdot 20 \cdot 10^6 =$

d) $\dfrac{9,7 \cdot 10^6 \cdot 4 \cdot 10^{-8}}{5 \cdot 10^4 \cdot 8 \cdot 10^2} =$

e) $(-2 \cdot 10^{-2} + 4 \cdot 10^{-6})^{-4} =$

f) $\sqrt[3]{81 \cdot 10^{-6}} =$

5. Represente as quantidades a seguir utilizando prefixos métricos:

a) $85000\,\text{N} =$

b) $0,000000047\,\text{A} =$

c) $0,003\,\text{V} =$

d) $8700000\,\text{V} =$

6. Anote as medidas indicadas pelos instrumentos a seguir:

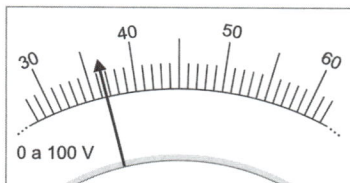

Figura 1.2 - Voltímetro.

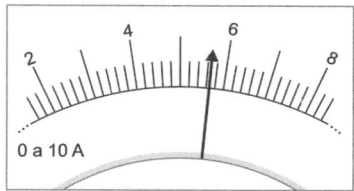

Figura 1.3 - Amperímetro.

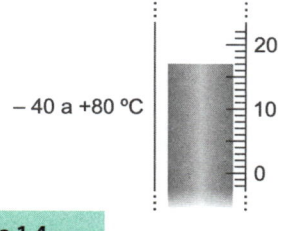

Figura 1.4 - Termômetro.

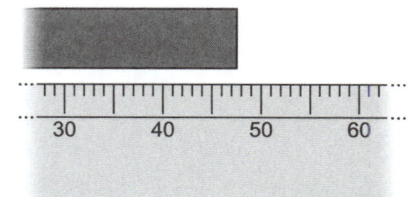

Figura 1.5 - Régua.

7. Arredonde os valores a seguir de acordo com o número de casas decimais indicado:

a) Duas casas decimais: 78,3752

b) Três casas decimais: 0,9220054

c) Uma casa decimal: 256,84999

d) Duas casas decimais: 1,665

e) Duas casas decimais: 1,655

f) Três casas decimais: 7,99999

2

FUNDAMENTOS DE ELETRICIDADE

PARA COMEÇAR

Este capítulo tem por objetivo apresentar o conceito de energia e alguns processos de conversão da energia elétrica para outras formas de energia, como a térmica, a luminosa, a química e a mecânica.

Na sequência, abordaremos os conceitos de carga elétrica, condutor, isolante e campo elétrico, assim como os diferentes processos de eletrização dos corpos, temas que constituem a base da eletrostática.

2.1 Energia elétrica e outras formas de energia

Energia é uma grandeza que caracteriza um sistema físico qualquer, tendo um valor constante, independente das transformações que ocorrem no sistema.

A energia também expressa a capacidade de modificar o estado de outros sistemas com os quais interage. A Figura 2.1 representa algumas formas de energia e suas possíveis transformações, tomando como referência a energia elétrica.

Não existe um processo ideal de transformação de um tipo de energia em outro, ou seja, sempre há energias indesejáveis, que são denominadas *perdas*.

Exemplos:

▸ **Lâmpada incandescente:** uma parte da energia elétrica é convertida em energia luminosa (desejável) e outra parte é convertida em calor (perda).

▸ **Motor:** uma parte da energia elétrica é convertida em energia mecânica (desejável) e outra parte é convertida em calor (perda).

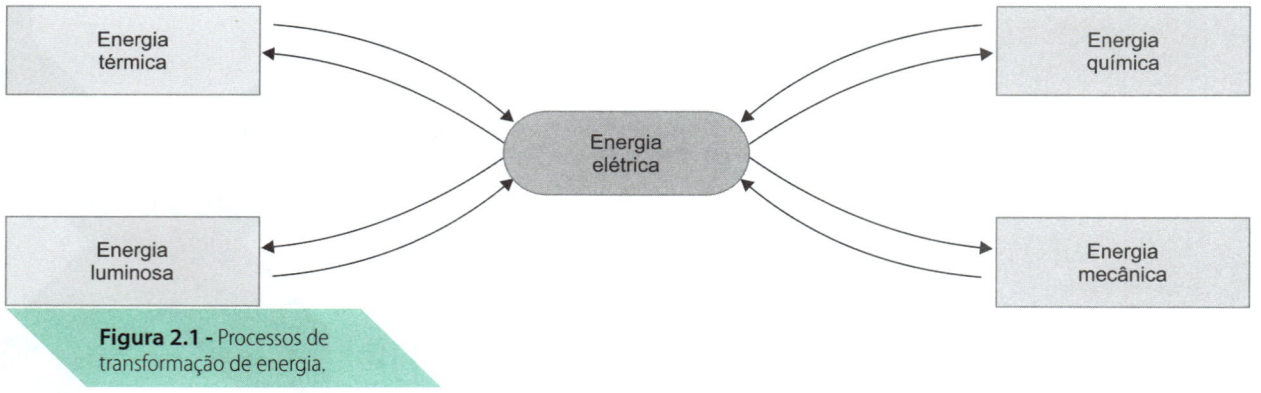

Figura 2.1 - Processos de transformação de energia.

2.2 Principais grandezas da eletrostática e da eletrodinâmica

Eletricidade é uma forma de energia associada aos fenômenos causados por cargas elétricas em repouso (eletrostática) e em movimento (eletrodinâmica).

Nos fenômenos eletrostáticos, destacam-se as grandezas elétricas denominadas *carga*, *força*, *campo* e *potencial*, enquanto nos fenômenos eletrodinâmicos destacam-se as grandezas elétricas denominadas *tensão*, *corrente*, *resistência* e *potência*.

Um dos primeiros cientistas a estudar os fenômenos eletrostáticos foi Benjamin Franklin.

AMPLIE SEUS CONHECIMENTOS

Figura 2.2 - Benjamin Franklin (1706-1790).

BENJAMIN FRANKLIN

Benjamin Franklin, tipógrafo e político estadunidense, foi um homem extremamente polivalente, pois, além de realizar vários experimentos no campo da eletricidade, foi o criador do Corpo de Bombeiros e redator da Declaração de Independência dos Estados Unidos.

Inventou o para-raios depois de provar que o raio é uma faísca elétrica. Um dos elementos de um para-raios, o captor Franklin, tem esse nome em sua homenagem.

Consulte estes sites para saber mais sobre ele: <www.explicatorium.com/biografias/benjamin-franklin.html> e <http://brasilescola.uol.com.br/fisica/eletricidade.htm>. Acesso em: 3 mar. 2018.

O principal foco deste livro é a eletrodinâmica, cujos fenômenos se desenvolvem nos chamados **circuitos elétricos**, isto é, um conjunto de dispositivos interligados de modo a criar pelo menos um caminho fechado para a corrente elétrica.

CIRCUITO DA LATERNA

Um exemplo bem simples de circuito elétrico é o da lanterna, cujos dispositivos básicos são: bateria (conjunto de pilhas), lâmpada incandescente e chave liga/desliga, conforme vemos na Figura 2.3.

(a) Equipamento

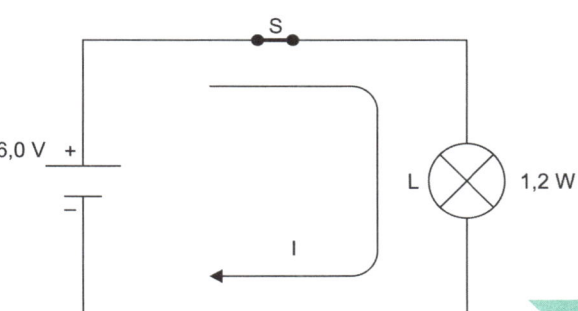

(b) Circuito elétrico

Figura 2.3 - Lanterna.

O circuito elétrico da lanterna é composto de uma bateria com tensão de E = 6,0 V (quatro pilhas de 1,5 V ligadas em série), uma chave S de 2 polos × 2 posições e uma lâmpada incandescente L de 1,2 W de potência que, na realidade, é uma resistência elétrica R.

Ao fechar a chave S, a bateria E fornece uma corrente elétrica I à lâmpada. Nesse processo, a bateria converte energia química em tensão elétrica; a corrente elétrica "transfere" essa energia à lâmpada, que, por sua vez, a converte em energia luminosa (desejável) e térmica (perda) através de sua resistência R.

Como você deve ter percebido, as quatro grandezas da eletrodinâmica (tensão, corrente, resistência e potência) estão presentes de forma indissociável nesse circuito elétrico.

2.3 Carga elétrica

A *eletrostática* estuda os fenômenos relacionados às ***cargas elétricas em repouso***. Para entender os fenômenos eletrostáticos e as grandezas físicas a eles associados, comecemos por analisar o átomo.

O *átomo* é formado por elétrons, que giram em órbitas bem determinadas em torno do núcleo. Este, por sua vez, é constituído por prótons e nêutrons, como ilustra a Figura 2.4.

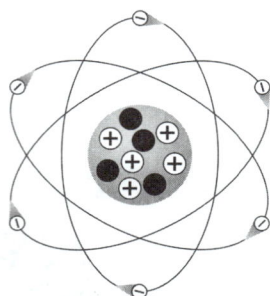

Figura 2.4 - Átomo.

O *próton* tem carga elétrica positiva, o *elétron* tem carga elétrica negativa e o *nêutron* não tem carga elétrica.

Todo átomo é, em princípio, eletricamente neutro, pois o número de prótons é igual ao número de elétrons, de modo que a carga total positiva anula a carga total negativa.

2.3.1 Princípio fundamental da eletrostática

O princípio fundamental da eletrostática é chamado de *princípio da atração e repulsão*, cujo enunciado é: **cargas elétricas de sinais contrários se atraem e de mesmos sinais se repelem.** Portanto, entre cargas elétricas há sempre uma força agindo. A força é uma grandeza vetorial, ou seja, é caracterizada por intensidade, em *Newton [N]*, direção (horizontal, vertical etc.) e sentido (à esquerda, à direita, para cima, para baixo etc.).

Por ser uma grandeza vetorial, o símbolo de força é acompanhado de uma seta sobre ele: $\vec{F}$.

A Figura 2.5 mostra esse princípio de forma esquemática. Quando as cargas têm sinais contrários, surge entre elas uma força de atração, como na Figura 2.5(a); quando elas têm sinais iguais, a força é de repulsão, como na Figura 2.5(b).

(a) Forças de atração (b) Forças de repulsão

Figura 2.5 - Forças de interação entre cargas elétricas.

As forças de interação entre as cargas, sejam elas de atração ou de repulsão, têm sempre as mesmas intensidade e direção, mas seus sentidos são sempre contrários. A intensidade de tais forças é determinada pela *Lei de Coulomb*.

AMPLIE SEUS CONHECIMENTOS

Figura 2.6 - Charles-Augustin de Coulomb (1736-1806).

CHARLES-AUGUSTIN DE COULOMB

Engenheiro militar francês, Coulomb foi um dos pioneiros da física experimental.

Descobriu a lei da atração e repulsão eletrostática em 1787, estudou os materiais isolantes e diversos outros assuntos relacionados à eletricidade e ao magnetismo, que constam de seu livro *Mémoires sur l'Életricité et surle Magnetisme* (Memórias sobre a Eletricidade e sobre o Magnetismo).

A unidade de medida de carga elétrica coulomb foi assim "batizada" em sua homenagem.

Para outras informações interessantes, visite o site: <www.algosobre.com.br/fisica/coulomb.html>. Acesso em: 3 mar. 2018.

2.3.2 Carga elétrica elementar

A *carga elétrica elementar* é um valor simbolizado pela letra q e é associado a um próton ou a um elétron, cuja unidade de medida é o *coulomb [C]*. O seu módulo vale $q = 1,6.10^{-19}$ C.

2.4 Condutor e isolante

Quanto mais afastado do núcleo está um elétron, maior é a sua energia, porém mais fracamente ligado ao átomo ele está. Essa característica da estrutura atômica dos materiais define o seu comportamento elétrico como condutor ou isolante.

2.4.1 Condutor elétrico

Os materiais **condutores** como o cobre e o alumínio conduzem facilmente eletricidade.

Nos condutores metálicos, os elétrons da última órbita dos átomos estão tão fracamente ligados aos seus núcleos que, à temperatura ambiente, a energia térmica é suficiente para libertá-los dos átomos, tornando-os elétrons livres, cujos movimentos são aleatórios. Isso significa que, nos condutores metálicos, a condução da eletricidade dá-se basicamente pela movimentação de elétrons, conforme vemos na Figura 2.7.

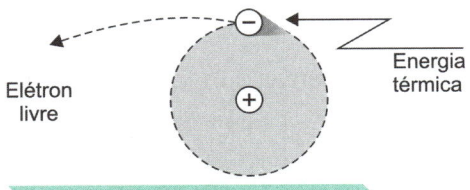
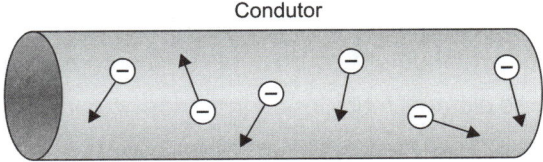

Figura 2.7 - Material condutor.

2.4.2 Isolante elétrico

Os materiais *isolantes* como o ar, a borracha e o vidro não conduzem eletricidade.

Nos isolantes, os elétrons da última órbita dos átomos estão fortemente ligados aos seus núcleos, de tal forma que, à temperatura ambiente, apenas alguns elétrons conseguem se libertar. A existência de poucos elétrons livres praticamente impede a condução de eletricidade em condições normais, como ilustra a Figura 2.8.

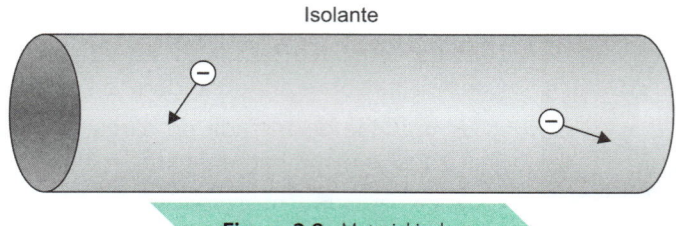

Figura 2.8 - Material isolante.

2.5 Eletrização dos corpos

2.5.1 Carga total de um corpo

Um corpo pode ser eletrizado com carga Q por meio da ionização dos seus átomos, isto é, retirando ou inserindo elétrons em suas órbitas, tornando-os íons positivos (cátions) ou íons negativos (ânions).

Retirando elétrons dos átomos de um corpo, ele fica eletrizado positivamente, pois o número de prótons fica maior que o número de elétrons, como na Figura 2.9(a). Por outro lado, inserindo elétrons nos átomos de um corpo, ele fica eletrizado negativamente, pois o número de elétrons fica maior que o número de prótons, como na Figura 2.9(b).

(a) Corpo carregado positivamente   **(b) Corpo carregado negativamente**

Figura 2.9 - Eletrização dos corpos.

A carga Q total de um corpo é, portanto, um múltiplo da carga elétrica elementar, ou seja, depende do número n de elétrons retirados ou inseridos no corpo.

2.5.2 Processos de eletrização

Os processos básicos de eletrização dos corpos são *atrito*, *contato* e *indução*.

2.5.2.1 Eletrização por atrito

Atritando dois materiais isolantes diferentes, o calor gerado pode ser suficiente para transferir elétrons de um material para o outro, ficando ambos os materiais eletrizados, sendo um positivo (o que cedeu elétrons) e outro negativo (o que recebeu elétrons), como mostra a Figura 2.10.

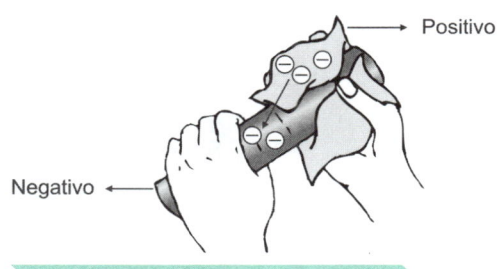

Figura 2.10 - Eletrização por atrito.

2.5.2.2 Eletrização por contato

Se um corpo eletrizado negativamente é colocado em contato com um corpo neutro, o excesso de elétrons do corpo negativo será transferido para o neutro até que ocorra o equilíbrio eletrostático. Assim, o corpo neutro fica eletrizado negativamente, como podemos observar na Figura 2.11.

Figura 2.11 - Eletrização por contato.

FIQUE DE OLHO!

Equilíbrio eletrostático não significa que os corpos têm cargas iguais, mas que têm potenciais elétricos iguais, conceito que será estudado no Capítulo 3.

2.5.2.3 Eletrização por indução

Aproximando um corpo eletrizado positivamente de um corpo condutor neutro isolado, seus elétrons livres serão atraídos para a extremidade mais próxima do corpo positivo. Desta forma, o corpo neutro fica polarizado, ou seja, com excesso de elétrons em uma extremidade (polo negativo) e falta de elétrons na outra (polo positivo).

Aterrando o polo positivo desse corpo, ele atrairá elétrons da Terra, até que essa extremidade fique novamente neutra. Desfazendo o aterramento e afastando o corpo com carga positiva, o corpo inicialmente neutro fica eletrizado negativamente.

A Figura 2.12 esquematiza o processo de eletrização por indução.

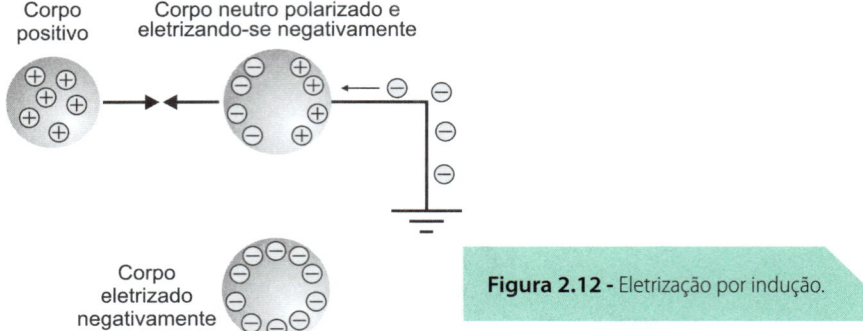

Figura 2.12 - Eletrização por indução.

2.6 Campo elétrico

O *campo elétrico* é uma grandeza vetorial, pois também é caracterizada por intensidade, direção e sentido.

Uma carga cria ao seu redor um campo elétrico $\vec{E}$, representado por linhas de campo radiais orientadas (convergentes ou divergentes). Sua unidade de medida é *newton/coulomb* [N/C].

2.6.1 Linhas de campo

Se a carga é positiva, o campo é *divergente*, isto é, as linhas de campo saem da carga, como mostra a Figura 2.13(a). Se a carga é negativa, o campo é *convergente*, isto é, as linhas de campo chegam à carga, como mostra a Figura 2.13(b).

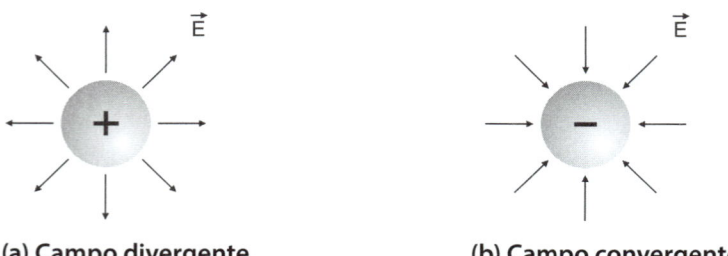

(a) Campo divergente   (b) Campo convergente

Figura 2.13 - Campo elétrico.

2.6.2 Intensidade do campo elétrico

A intensidade do campo elétrico E criado por uma carga Q em um determinado ponto é diretamente proporcional à intensidade dessa carga e é inversamente proporcional ao quadrado da distância d entre a carga e o ponto considerado, como visto na Figura 2.14.

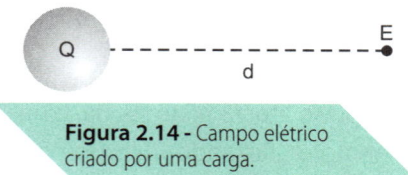

Figura 2.14 - Campo elétrico criado por uma carga.

Portanto, nas proximidades da carga, o campo elétrico é mais intenso, reduzindo sua intensidade drasticamente em regiões mais afastadas, como apresenta a Figura 2.15.

O campo diminui com o aumento da distância

Figura 2.15 - Campo elétrico variando com a distância da carga.

2.6.3 Comportamento das linhas de campo

Analisemos como se comportam as linhas de campo em três situações diferentes:

1. Quando duas cargas de sinais contrários estão próximas, as linhas de campo divergentes da carga positiva tendem a convergir para a carga negativa. Por isso, a força entre as cargas é de atração, como mostra a Figura 2.16.

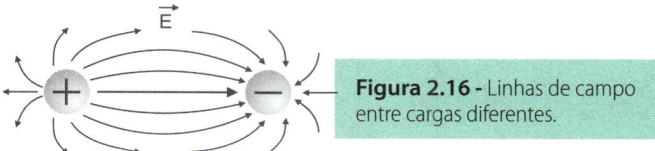

Figura 2.16 - Linhas de campo entre cargas diferentes.

2. Quando duas cargas de mesmos sinais estão próximas, se elas são positivas, as linhas de campo são divergentes para ambas as cargas, como na Figura 2.17 (a); mas se elas são negativas, as linhas de campo são convergentes, como na Figura 2.17 (b). Por isso, a força entre elas é sempre de repulsão.

(a) Cargas positivas   **(b) Cargas negativas**

Figura 2.17 - Linhas de campo entre cargas iguais.

3. Quando duas placas paralelas são eletrizadas com cargas de sinais contrários, surge entre elas um campo elétrico uniforme, caracterizado por linhas de campo paralelas, como mostra a Figura 2.18.

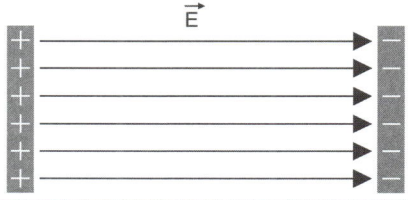

Figura 2.18 - Linhas de campo paralelas.

VAMOS RECAPITULAR?

Neste capítulo, analisamos o conceito de energia e alguns processos de conversão da energia elétrica para outras formas de energia.

Na sequência, vimos os conceitos de carga elétrica, condutor, isolante e campo elétrico, assim como os diferentes processos de eletrização dos corpos.

AGORA É COM VOCÊ!

1. Analise a Figura 2.1 e indique um exemplo para cada tipo de transformação de energia.

2. Associe as colunas:

Comportamento elétrico	Material		
I – condutor II – isolante	( ) plástico	( ) vidro	( ) alumínio
	( ) ferro	( ) ouro	( ) baquelite
	( ) porcelana	( ) cobre	( ) ar

3. Pesquise e responda: o que é um Gerador de Van der Graaff?

4. De um corpo neutro são retirados 1000 elétrons e, em seguida, são reinseridos 500. Com que tipo de carga esse corpo fica eletrizado?

5. Um corpo está eletrizado negativamente com carga – Q após a inserção de uma quantidade N de elétrons. Para que a sua carga elétrica seja 75% do valor inicial, quantos elétrons devem ser retirados?

6. Como se eletriza positivamente um corpo neutro por meio do contato?

7. Como se eletriza positivamente um corpo neutro por meio da indução?

8. Duas cargas elétricas positivas com a mesma carga + Q estão distantes 5 m entre si. Em qual ponto entre elas o campo elétrico é nulo?

3

TENSÃO E CORRENTE

PARA COMEÇAR

Neste capítulo, abordaremos o conceito de potencial elétrico, que fará a ponte entre a eletrostática e a eletrodinâmica. No campo da eletrodinâmica, analisaremos as suas duas primeiras grandezas elétricas: tensão e corrente.

3.1 Potencial elétrico

Conforme vimos anteriormente, ao redor de uma carga há um campo elétrico, que é uma grandeza vetorial e cuja intensidade reduz quadraticamente com o aumento da distância.

Além do campo elétrico, cada ponto da região em torno da carga possui outra propriedade, denominada *potencial elétrico*, que é uma grandeza escalar, ou seja, caracteriza-se apenas por sua intensidade.

A denominação potencial significa que cada ponto de uma região em que há campo elétrico possui potencial para realizar trabalho, pois caso um elétron seja colocado em qualquer ponto, ele ficaria sujeito a uma força que provocaria o seu deslocamento. Esse aspecto é de vital importância para a eletricidade e será explorado nos tópicos seguintes.

3.1.1 Intensidade do potencial elétrico

O símbolo de potencial elétrico é V e a sua unidade de medida é o *volt* [*V*].

FIQUE DE OLHO!

Muitos livros, particularmente os de Física, utilizam como símbolo de potencial elétrico a letra U.

A intensidade do potencial elétrico V criado por uma carga Q em um determinado ponto é diretamente proporcional à intensidade dessa carga e é inversamente proporcional à distância d entre a carga e o ponto considerado.

A Figura 3.1 ilustra o comportamento do potencial elétrico em função da natureza da carga.

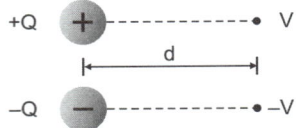

Figura 3.1 - Potencial elétrico produzido por uma carga.

Se a carga for positiva, o potencial ao seu redor também será. Caso ela seja negativa, o mesmo ocorrerá com o potencial em seu entorno. Portanto, nas proximidades da carga, o potencial elétrico é mais intenso, positiva ou negativamente, reduzindo sua intensidade em regiões mais afastadas, como mostra a Figura 3.2.

O módulo do potencial diminui com o aumento da distância

Figura 3.2 - Potencial elétrico variando com a distância da carga.

3.1.2 Superfícies equipotenciais

Em uma superfície em que todos os pontos são equidistantes em relação à carga geradora, os potenciais são iguais. Essa região é denominada *superfície equipotencial*.

A Figura 3.3 ilustra algumas superfícies equipotenciais ao redor de uma carga Q.

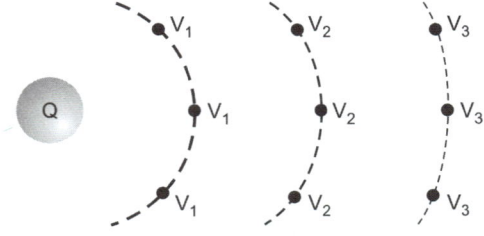

Figura 3.3 - Superfícies equipotenciais.

3.1.3 Diferença de potencial

A diferença de potencial (ddp) consiste em uma região submetida a um campo elétrico $\vec{E}$ criado por uma carga Q positiva e fixa.

Colocando um elétron livre com carga q no ponto A, situado a uma distância d_A da carga Q, ele se movimentará no sentido contrário do campo, devido à força $\vec{F}$ que surge no elétron, indo em direção ao ponto B, situado a uma distância d_B da carga Q, como ilustra a Figura 3.4.

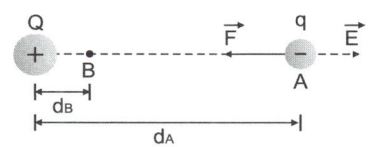

Figura 3.4 - Elétron livre imerso em um campo elétrico.

Como $d_A > d_B$, o potencial do ponto A é menor que o do ponto B, isto é, $V_A < V_B$. Conclui-se, então, que o elétron move-se do potencial menor para o maior, como mostra a Figura 3.5.

Figura 3.5 - Elétron movimentando-se em direção ao potencial maior.

Assim, para que um elétron se movimente, isto é, para que ele conduza eletricidade, é necessário que ele esteja submetido a uma *diferença de potencial* ou *ddp*.

3.2 Tensão elétrica

A diferença de potencial elétrico entre dois pontos A e B é denominada *tensão elétrica*, cuja unidade de medida é o *volt [V]*.

Sendo $V_B > V_A$, a tensão V_{BA} será positiva e V_{AB}, negativa, pois:

$$V_{BA} = V_B - V_A \quad \text{e} \quad V_{AB} = V_A - V_B$$

Em uma fonte de alimentação ou em um dispositivo qualquer, indica-se a tensão por uma seta voltada para o ponto de maior potencial, conforme mostra a Figura 3.6. Nesse caso, é comum substituir a representação V_{BA} simplesmente por E em fontes de alimentação e por V nos demais dispositivos.

> **LEMBRE-SE**
>
> As letras U e E também são comumente utilizadas para representarem a tensão elétrica.
>
> Neste livro, usaremos o símbolo E para identificar a tensão de fontes de alimentação contínuas (pilha, bateria e fonte de tensão eletrônica) e o símbolo V para identificar a tensão contínua em outros dispositivos.

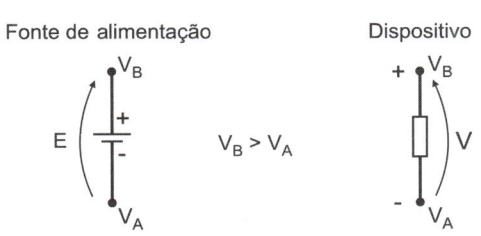

Figura 3.6 - Representação da tensão em fonte de alimentação e dispositivo.

AMPLIE SEUS CONHECIMENTOS

ALESSANDRO VOLTA

Físico e professor italiano, Alessandro Volta tinha 24 anos quando publicou seu primeiro trabalho científico, intitulado "Da Força Magnética do Fogo e dos Fenômenos daí Dependentes".

Por meio de experimentos, provou que a eletricidade do corpo de um animal é idêntica à eletricidade gerada por materiais inanimados.

Ele também foi o inventor da pilha elétrica.

A unidade de medida de potencial e tensão elétrica é volt, em sua homenagem.

Para saber mais sobre ele, visite o site: <www.explicatorium.com/biografias/alessandro-volta.html>. Acesso em: 3 mar. 2018.

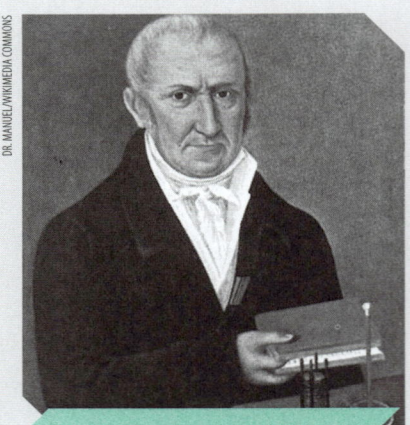

Figura 3.7 - Alessandro Volta (1745-1827).

EXERCÍCIO RESOLVIDO

1. Determine a tensão V_{BA} entre os pontos A e B, sendo:

	V_A (V)	V_B (V)
a	4	10
b	-8	15
c	25	-6
d	9	3
e	-8	-4

Solução

a) $V_{BA} = V_B - V_A = 10 - 4 \Rightarrow V_{BA} = 6\ V$

b) $V_{BA} = V_B - V_A = 15 - (-8) = 15 + 8 \Rightarrow V_{BA} = 23\ V$

c) $V_{BA} = V_B - V_A = -6 - 25 \Rightarrow V_{BA} = -31\ V$

d) $V_{BA} = V_B - V_A = 3 - 9 \Rightarrow V_{BA} = -6\ V$

e) $V_{BA} = V_B - V_A = -4 - (-8) = -4 + 8 \Rightarrow V_{BA} = 4\ V$

AMPLIE SEUS CONHECIMENTOS

A PERNA DA RÃ E A CÉLULA VOLTAICA

Enquanto a eletricidade estava restrita à eletrostática, era difícil achar uma utilização prática para ela, já que cargas paradas não realizam trabalho, nem é possível realizar a conversão de energia elétrica em outra forma útil de energia. Isso só seria possível se as cargas se movimentassem.

De um corpo carregado eletricamente, utilizando um condutor, o máximo que se consegue é um fluxo quase instantâneo de cargas e, eventualmente, alguma faísca. Era preciso, portanto, criar um processo para manter o fluxo contínuo das cargas, possibilitando a conversão dessa energia elétrica em outra forma, como o calor.

Figura 3.8 - Eletricidade animal.

Em 1870, o físico e anatomista italiano Luigi Galvani (1737-1798) amputou a perna de uma rã para estudar os seus nervos e a possível existência de eletricidade animal. Mexendo em um dos nervos da perna da rã com duas pinças de metais diferentes, Galvani notou que quando as extremidades superiores dos instrumentos se tocavam, a perna da rã reagia, como se estivesse viva. Dessa observação, ele concluiu que os nervos eram capazes de produzir eletricidade.

Alessandro Volta, físico italiano, aproveitando-se dessa descoberta quase acidental, constatou, por meio de diversos experimentos, que a eletricidade não era propriedade dos nervos, mas dos metais diferentes imersos em uma solução de ácido ou de sal. Nesses casos, os metais se eletrizam com polaridades contrárias.

Ligando as extremidades externas dos metais com um condutor, a diferença de potencial entre eles garante o fluxo constante de cargas, isto é, uma corrente elétrica estável.

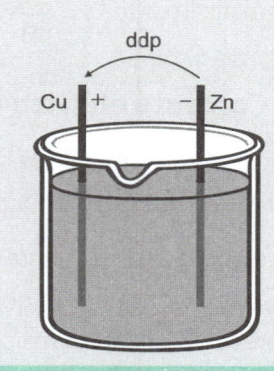

Figura 3.9 - Pilha de Volta.

Uma célula voltaica simples pode ser obtida mergulhando uma barra de zinco (Zn) e outra de cobre (Cu) em uma solução de ácido sulfúrico (H_2SO_4). Nesse caso, a barra de zinco torna-se negativa e a de cobre positiva, por meio da ionização de seus átomos, como na Figura 3.9.

Para saber mais, consulte: <www.brasilescola.com/quimica/historia-das-pilhas.htm>. Acesso em: 3 mar. 2018.

3.3 Corrente elétrica

O conceito de diferença de potencial elétrico e movimento de carga elétrica leva-nos à eletrodinâmica, isto é, ao estudo das cargas elétricas em movimento.

Aplicando uma diferença de potencial em um condutor metálico, os seus elétrons livres movimentam-se de forma ordenada no sentido contrário ao do campo elétrico, isto é, do potencial menor para o maior, como ilustra a Figura 3.10.

Figura 3.10 - Corrente de elétrons no condutor.

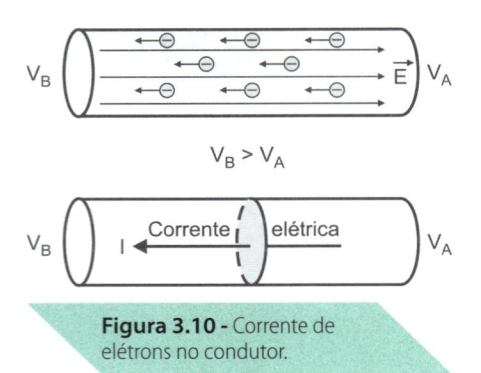

Essa movimentação de elétrons denomina-se **corrente elétrica** e é simbolizada por I. Sua unidade de medida é o *ampère* [*A*].

3.3.1 Intensidade da corrente elétrica

A intensidade da corrente elétrica I é a medida da variação da carga ΔQ, em *coulomb* [*C*], através da seção transversal de um condutor durante um intervalo de tempo Δt, em *segundo* [*s*].

Matematicamente: $I = \dfrac{\Delta Q}{\Delta t}$

3.3.2 Corrente elétrica convencional

Nos condutores metálicos, a corrente elétrica é formada apenas por cargas negativas (elétrons) que se deslocam do potencial menor para o maior.

Para evitar o uso frequente de valor negativo para corrente elétrica, utiliza-se um *sentido convencional* para ela, isto é, considera-se que a corrente elétrica no condutor metálico seja formada por cargas positivas, indo, porém, do potencial maior para o menor, como visto na Figura 3.11.

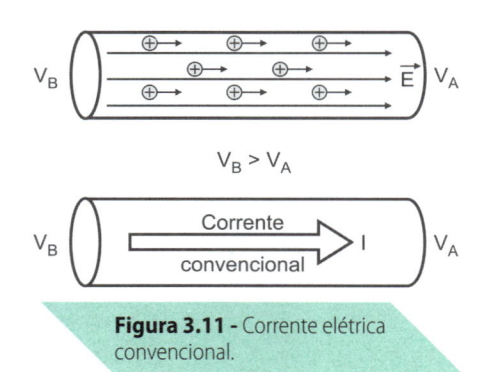

Figura 3.11 - Corrente elétrica convencional.

Em um circuito, indica-se a corrente convencional por uma seta, no sentido do potencial maior para o menor, como no circuito da lanterna, ilustrado na Figura 3.12, em que a corrente sai do polo positivo da bateria (maior potencial) e retorna ao seu polo negativo (menor potencial).

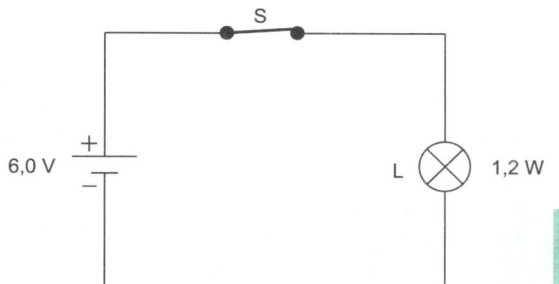

Figura 3.12 - Corrente elétrica no circuito da lanterna.

AMPLIE SEUS CONHECIMENTOS

ANDRÉ-MARIE AMPÈRE

Físico francês, desenvolveu diversos trabalhos sobre a aplicação da matemática na física e realizou diversos experimentos e descobertas no campo do eletromagnetismo.

Ampère também analisou profundamente os fenômenos eletrodinâmicos e descobriu o princípio da telegrafia elétrica.

Em 1826, publicou a teoria dos fenômenos eletrodinâmicos. Segundo ele, todos os fenômenos elétricos, do magnetismo terrestre ao eletromagnetismo, derivam de um princípio único: a ação mútua de suas correntes elétricas. Essa descoberta é uma das mais importantes da física moderna.

A unidade de medida de corrente elétrica é ampère, em sua homenagem.

Figura 3.13 - André-Marie Ampère (1775-1836).

Para aprender mais, visite: <http://brasilescola.uol.com.br/fisica/andremarie-ampere.htm>. Acesso em: 3 mar. 2018.

EXERCÍCIOS RESOLVIDOS

2. Determine a intensidade da corrente elétrica em um fio condutor sabendo que uma carga de 3600 µC leva 12 segundos para atravessar a sua seção transversal.

Solução

$$I = \frac{\Delta Q}{\Delta t} \Rightarrow I = \frac{3600 \cdot 10^{-6}}{12} = 300 \cdot 10^{-6} \Rightarrow I = 300\,\mu A$$

3. Pela seção transversal de um fio condutor passou uma corrente de 2 mA durante 45 segundos. Qual é a carga que atravessou essa seção nesse intervalo de tempo?

Solução

$$I = \frac{\Delta Q}{\Delta t} \Rightarrow \Delta Q = I \cdot \Delta t = 2 \cdot 10^{-3} \cdot 45 = 90 \cdot 10^{-3} \Rightarrow \Delta Q = 90\,mC$$

VAMOS RECAPITULAR?

Este capítulo nos permitiu entrar no campo da eletrodinâmica, tomando como ponte o conceito de potencial elétrico e analisando as suas duas primeiras grandezas elétricas: tensão e corrente.

Tais conceitos serão usados na sequência para apresentarmos o comportamento de dispositivos e instrumentos de medidas elétricas que nos permitirão analisar circuitos elétricos, tanto na teoria como na prática.

AGORA É COM VOCÊ!

1. Considere o seguinte esquema eletrostático:

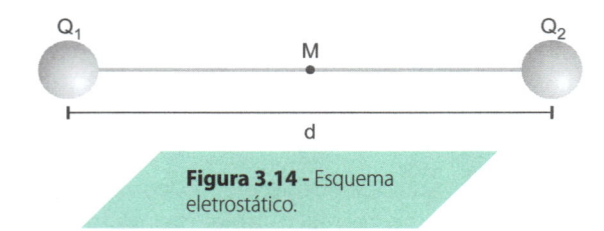

Figura 3.14 - Esquema eletrostático.

Quais devem ser as características das cargas elétricas Q_1 e Q_2 para que, no ponto médio M, o potencial resultante seja nulo?

2. Sendo $V_1 = 30$ V, $V_2 = 10$ V e $V_3 = -8$ V, determine as tensões:

   a) V_{12}

   b) V_{13}

   c) V_{21}

   d) V_{23}

   e) V_{31}

   f) V_{32}

3. Qual é a intensidade da corrente elétrica em um fio condutor, sabendo que durante 30 s uma carga de 1200 mC atravessou a sua seção transversal?

4. Em relação ao exercício anterior, qual seria a intensidade da corrente se o tempo para que a mesma carga atravessasse a seção transversal do fio fosse de 60 s?

5. Uma corrente de 200 mA passa por um condutor. Qual é o tempo necessário para que a carga movimentada seja de 500 µC?

4

EQUIPAMENTOS DE BANCADA

PARA COMEÇAR

Neste capítulo, analisaremos as características de dispositivos como pilha e bateria e equipamentos como fonte de alimentação eletrônica, necessários para fornecer tensão aos circuitos elétricos. Veremos também as características e os modos de utilização dos instrumentos de medidas usados para medir tensão e corrente, respectivamente, o voltímetro e o amperímetro.

4.1 Fontes de alimentação

O dispositivo ou equipamento que fornece tensão a um circuito é chamado genericamente de *fonte de alimentação* ou *fonte de tensão*.

4.1.1 Pilhas e baterias

Voltemos ao circuito da lanterna. Nele identificamos a **bateria**, que é um **conjunto de pilhas**, como mostra a Figura 4.1.

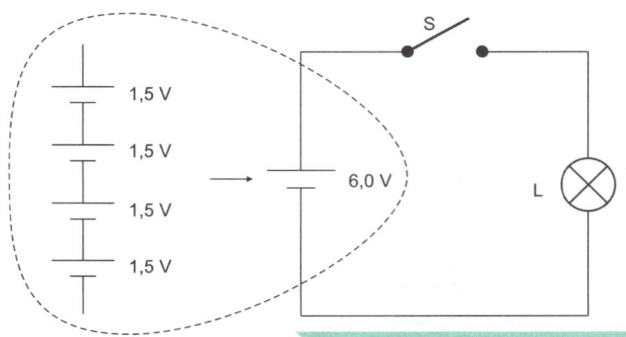

Figura 4.1 - Bateria da lanterna.

A pilha comum, não recarregável, possui tensão nominal de 1,5 V. Associadas em série, as suas tensões se somam, como no caso da lanterna, cuja bateria é formada por quatro pilhas de 1,5 V, resultando na tensão de 6,0 V.

Comercialmente há vários tipos de pilha, sendo as mais comuns: AAA (também conhecida como "pilha palito"), AA, C e D. Todas elas possuem tensão nominal de 1,5 V, mas têm diferentes capacidades de corrente elétrica, sendo a pilha AAA a de menor capacidade e a D a de maior capacidade.

Existem, ainda, as baterias não recarregáveis, como a de 9 V e a bateria de lítio de 3 V, mostradas na Figura 4.2.

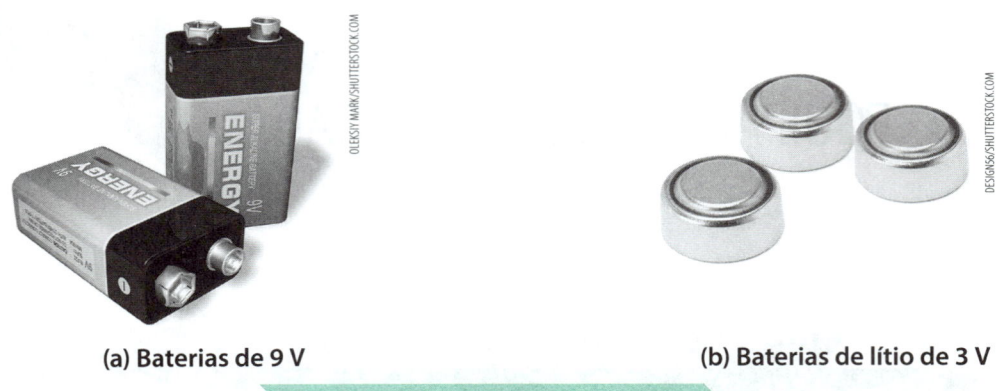

(a) Baterias de 9 V **(b) Baterias de lítio de 3 V**

Figura 4.2 - Baterias não recarregáveis.

Todas essas pilhas e baterias produzem energia elétrica a partir de energia liberada por reações químicas. Com o tempo de uso, as reações químicas liberam cada vez menos energia, fazendo com que a tensão disponível seja cada vez menor.

Uma alternativa são as pilhas e baterias que podem ser recarregadas por aparelhos apropriados, o que é importante, sobretudo no que se refere ao meio ambiente.

As pilhas recarregáveis similares às não recarregáveis de 1,5 V possuem tensão nominal de 1,25 V quando estão completamente carregadas. As baterias recarregáveis similares às não recarregáveis de 9 V possuem tensão nominal de 8,25 V quando estão completamente carregadas.

Por isso, é comum equipamentos que funcionam por pilhas ou baterias não operarem por muito tempo com pilhas ou baterias recarregáveis, já que a sua tensão nominal é menor.

A Figura 4.3 mostra pilhas recarregáveis em um equipamento específico para realizar a sua recarga, denominado carregador de pilhas.

Figura 4.3 - Carregador de pilhas.

As baterias recarregáveis mais difundidas são aquelas utilizadas em equipamentos de uso constante, como os telefones celulares, notebooks e máquinas fotográficas.

No caso dos telefones celulares e notebooks, a bateria permanece nos aparelhos e a recarga é feita por um carregador externo, como nas Figuras 4.4(a) e 4.4(b). As máquinas fotográficas geralmente possuem um tipo de bateria cuja recarga deve ser feita externamente ao aparelho por um carregador apropriado, como na Figura 4.4(c).

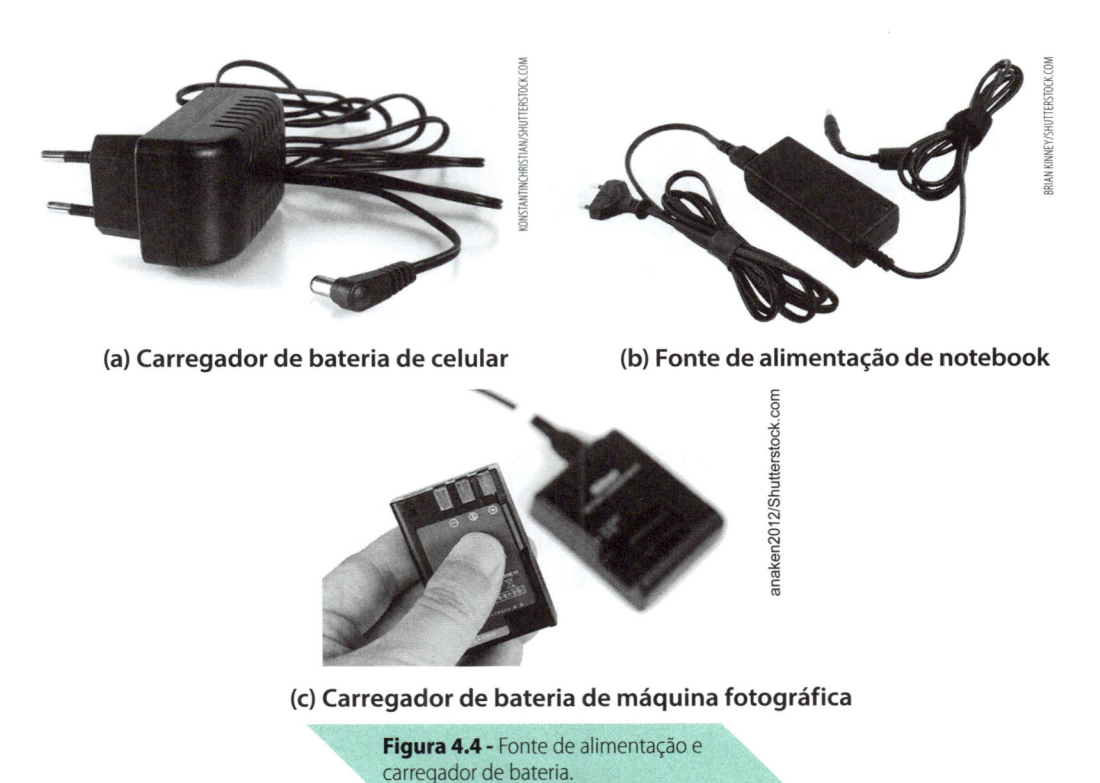

(a) Carregador de bateria de celular

(b) Fonte de alimentação de notebook

(c) Carregador de bateria de máquina fotográfica

Figura 4.4 - Fonte de alimentação e carregador de bateria.

FIQUE DE OLHO!

NÓS CUIDAMOS DO MEIO AMBIENTE?

As pilhas e baterias recarregáveis e não recarregáveis não devem ser jogadas em lixos comuns, pois são fabricadas com materiais altamente tóxicos, podendo causar danos à saúde e ao meio ambiente por contaminação do solo e da água.

Alguns materiais utilizados em sua fabricação, como aço, carbono, zinco e lítio podem ser reciclados, pois podem ser reutilizados em novos processos produtivos. Por isso, as pilhas e baterias não usadas devem ser recolhidas em locais apropriados como os ecopontos existentes em repartições públicas, escolas, supermercados, centros de compras, lojas de material eletroeletrônico etc.

4.1.2 Fontes de alimentação eletrônicas

No lugar das pilhas e baterias, é comum a utilização de equipamentos eletrônicos que convertem a tensão alternada da rede elétrica em tensão contínua estabilizada.

Esses equipamentos são conhecidos como **eliminadores de bateria** e são fartamente utilizados em equipamentos portáteis como videogames, aparelhos de som e telefones eletrônicos. Veja um exemplo na Figura 4.5.

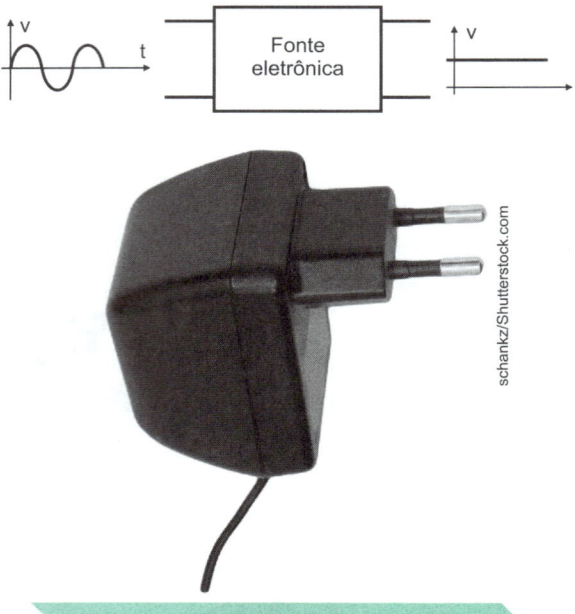

Figura 4.5 - Eliminador de bateria.

Em laboratórios e oficinas de eletrônica, é mais utilizada a **fonte de alimentação variável** ou **ajustável**. Essa fonte tem a vantagem de fornecer tensão contínua e constante, cujo valor pode ser ajustado manualmente, conforme a necessidade.

Nas fontes variáveis mais simples, o único tipo de controle é o de ajuste de tensão. Nas mais sofisticadas, existem ainda os controles de ajuste fino de tensão e de limite de corrente, como mostrado na Figura 4.6.

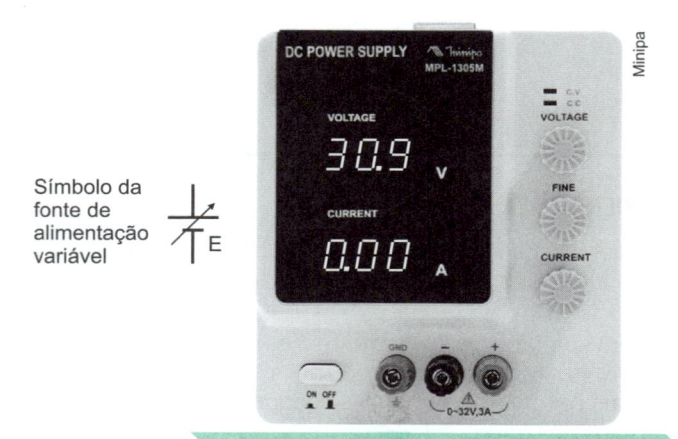

Figura 4.6 - Fonte de alimentação variável.

4.1.3 Corrente contínua (CC)

As pilhas, baterias e fontes de alimentação apresentadas têm em comum a característica de fornecerem **corrente contínua** ao circuito.

> **FIQUE DE OLHO!**
> Abrevia-se corrente contínua por CC (em inglês, *DC – Direct Current*).

Isso significa que a fonte de alimentação CC gera uma tensão que mantém sempre a mesma polaridade, de forma que a corrente no circuito tem sempre o mesmo sentido, conforme a Figura 4.7.

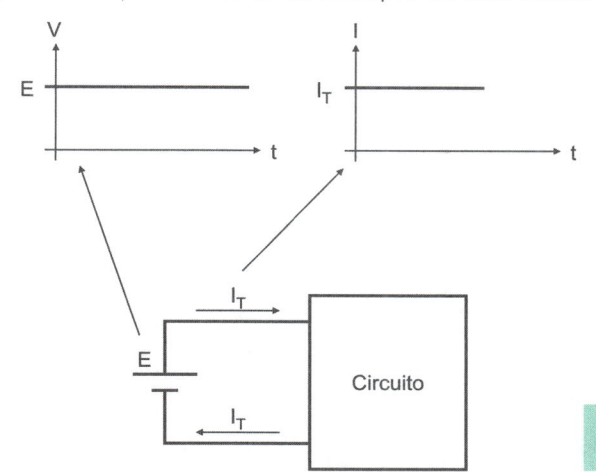

Figura 4.7 - Corrente contínua.

4.1.4 Corrente alternada (CA)

A rede elétrica fornece aos estabelecimentos residenciais, comerciais e industriais a **corrente alternada senoidal** com frequência de 60 Hz, isto é, com a repetição de 60 ciclos por segundo.

> **FIQUE DE OLHO!**
> Abrevia-se corrente alternada por CA (em inglês, *AC – Alternate Current*).

Nesse caso, a tensão muda de polaridade em períodos bem definidos, de forma que a corrente no circuito circula ora em um sentido, ora no outro, como pode ser observado na Figura 4.8.

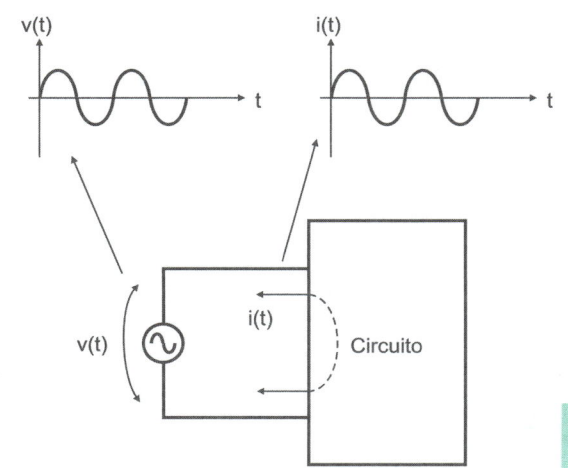

Figura 4.8 - Corrente alternada.

A corrente alternada pode ser gerada em diferentes tipos de usina de energia elétrica, como as hidrelétricas, termoelétricas e nucleares.

O Brasil é um dos países que possuem mais usinas hidrelétricas no mundo, em virtude de seu enorme potencial hídrico, como mostra a Figura 4.9.

Figura 4.9 - Usina hidrelétrica de Itaipu.

EXERCÍCIO RESOLVIDO

1. Considere a bateria da Figura 4.10 composta de quatro pilhas de 1,5 V e as diversas tensões indicadas por suas respectivas setas. Determine essas tensões.

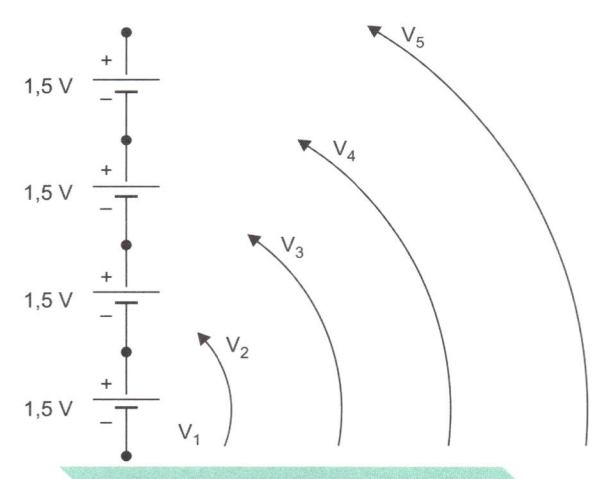

Figura 4.10 - Bateria de quatro pilhas.

Solução

Como a tensão refere-se à diferença de potencial, podemos adotar o potencial do ponto 1 como sendo 0 e os demais estando 1,5 V acima, pois todas as pilhas têm a mesma polaridade. Assim:

$V_1 = 0\,V$

$V_2 = 1,5\,V$

$V_3 = 3,0\,V$

$V_4 = 4,5\,V$

$V_5 = 6,0\,V$

Portanto:

$V_{21} = V_2 - V_1 = 1,5 - 0 \Rightarrow V_{21} = 1,5\,V$

$V_{42} = V_4 - V_2 = 4,5 - 1,5 \Rightarrow V_{42} = 3,0\,V$

$V_{23} = V_2 - V_3 = 1,5 - 3,0 \Rightarrow V_{23} = -1,5\,V$

$V_{52} = V_5 - V_2 = 6,0 - 1,5 \Rightarrow V_{52} = 4,5\,V$

$V_{51} = V_5 - V_1 = 6,0 - 0 \Rightarrow V_{51} = 6,0\,V$

4.2 Instrumentos de medidas elétricas

São vários os instrumentos utilizados em laboratórios e oficinas de eletrônica para a medida de grandezas elétricas, sendo os principais o multímetro, o osciloscópio e o wattímetro.

O osciloscópio não será objeto de análise, pois a sua utilização envolve conceitos que não são abordados neste livro, e o wattímetro será apresentado no Capítulo 7, que trata de potência elétrica.

4.2.1 Multímetro

O *multímetro* é um instrumento de medida multifuncional, pois incorpora em um único equipamento os medidores de tensão (voltímetro), corrente (amperímetro) e resistência (ohmímetro), além de ter outras funções mais específicas.

Embora existam instrumentos de medida que funcionam especificamente como voltímetro, amperímetro ou ohmímetro, eles são mais utilizados em projetos de instalações industriais.

Em laboratórios e oficinas de eletrônica, assim como na maioria dos trabalhos técnicos de campo, o multímetro é o melhor instrumento devido à sua versatilidade e à multiplicidade de funções.

> **FIQUE DE OLHO!**
>
> Daqui em diante, as referências ao voltímetro, amperímetro e ohmímetro corresponderão ao multímetro operando, respectivamente, como medidor de tensão, corrente e resistência.

O multímetro, seja analógico ou digital, possui dois terminais nos quais são ligadas as pontas de prova ou pontas de teste.

A ponta de prova vermelha deve ser ligada ao terminal positivo do multímetro (borne vermelho ou marcado com sinal +) e a ponta de prova preta deve ser ligada ao terminal negativo do multímetro (borne preto ou marcado com sinal – ou COMUM), mostrados na Figura 4.11.

(a) Analógico   **(b) Digital**

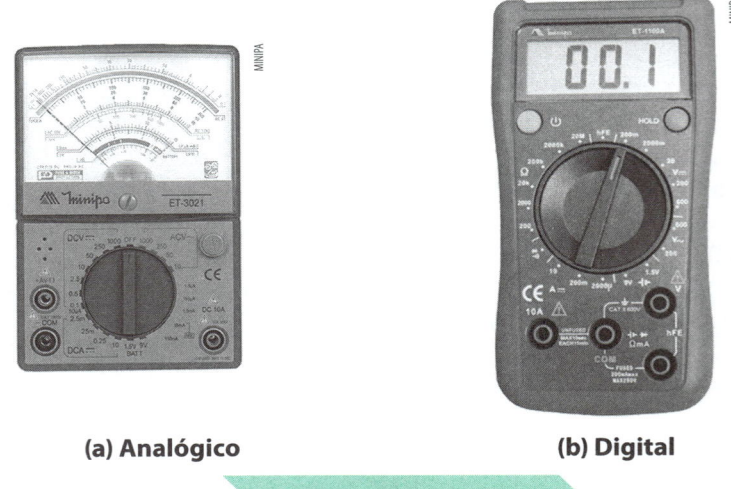

Figura 4.11 - Multímetros.

Os multímetros possuem alguns controles, sendo o principal a chave rotativa ou conjunto de teclas para a seleção da grandeza a ser medida (tensão, corrente ou resistência) com os respectivos valores de fundo de escala.

Nos multímetros digitais mais modernos, os controles possuem multifunções, tornando-os mais versáteis, menores e leves.

> **FIQUE DE OLHO!**
>
> A função ohmímetro será analisada detalhadamente no Capítulo 5, que trata de resistência elétrica.

4.2.2 Voltímetro

O ***voltímetro*** é o instrumento utilizado para medir a ***tensão elétrica*** (diferença de potencial) entre dois pontos de um circuito elétrico. Para que o multímetro funcione como voltímetro, basta selecionar uma das escalas para medida de tensão contínua (CC) ou tensão alternada (CA).

Para medir tensão, as pontas de prova do voltímetro (ou multímetro) devem ser ligadas em paralelo com os dois pontos do circuito em que se deseja conhecer a diferença de potencial, seja em um dispositivo, seja em um trecho de circuito.

Se a tensão a ser medida for contínua (CC), o polo positivo do voltímetro deve ser ligado ao ponto de maior potencial e o negativo, ao ponto de menor potencial, para que o instrumento indique valor positivo de tensão, como na Figura 4.12.

(a) Tensão no dispositivo **(b) Tensão no trecho de um circuito**

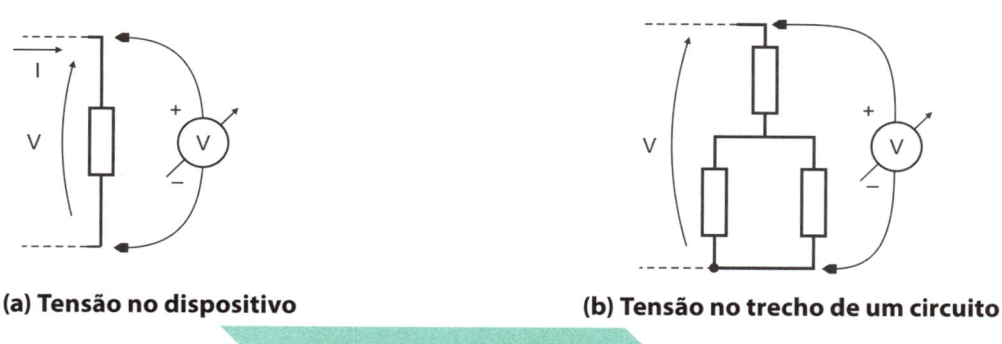

Figura 4.12 - Uso do voltímetro CC.

Estando a ligação dos terminais do voltímetro invertida, sendo ele digital, o display indicará valor negativo de tensão; se ele for analógico, o ponteiro tentará defletir no sentido contrário, podendo danificá-lo, como vemos na Figura 4.13.

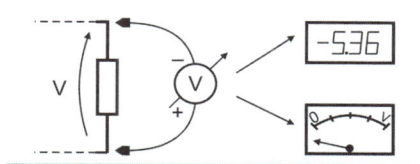

Figura 4.13 - Medida de tensão contínua com terminais invertidos.

Se a tensão a ser medida for alternada (CA), os polos positivo e negativo do voltímetro podem ser ligados ao circuito sem se levar em conta a polaridade, resultando em uma medida sempre positiva de tensão, como na Figura 4.14.

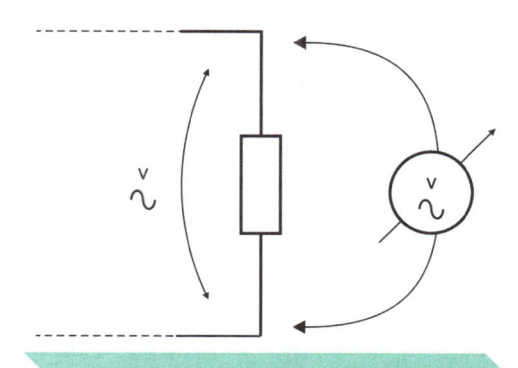

Figura 4.14 - Medida com voltímetro CA.

4.2.3 Amperímetro

O *amperímetro* é o instrumento utilizado para medir a **corrente elétrica** que atravessa um condutor ou dispositivo de um circuito elétrico.

Para que o multímetro funcione como amperímetro, basta selecionar uma das escalas para medida de corrente contínua (CC) ou corrente alternada (CA).

Para medir corrente, o circuito deve ser aberto no ponto desejado, ligando o amperímetro em série, para que ela o atravesse. A corrente que passa por um dispositivo pode ser medida antes ou depois dele, já que a corrente que entra em um bipolo é a mesma que sai, como mostrado na Figura 4.15.

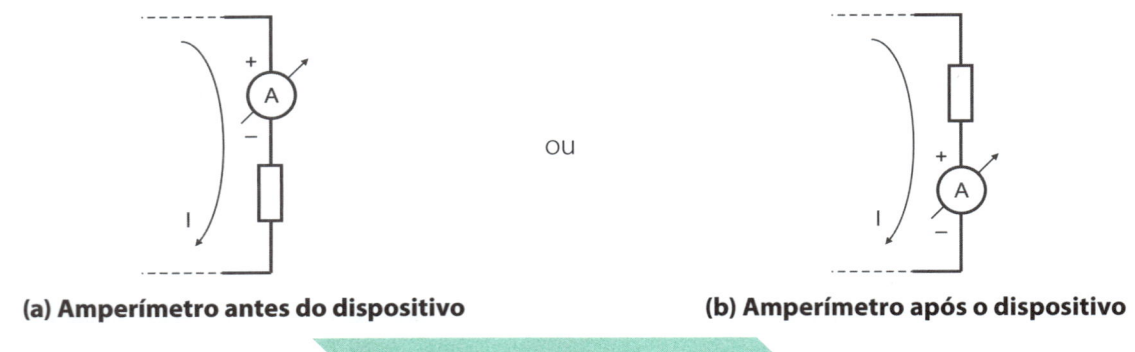

(a) Amperímetro antes do dispositivo   **(b) Amperímetro após o dispositivo**

Figura 4.15 - Uso do amperímetro CC.

Se a corrente a ser medida for contínua (CC), o polo positivo do amperímetro deve ser ligado ao ponto pelo qual a corrente convencional entra no instrumento, e o polo negativo, ao ponto pelo qual ela sai, para que ele indique valor positivo de corrente.

Estando a ligação dos terminais do amperímetro invertida, sendo ele digital, o display indicará valor negativo de corrente; se ele for analógico, o ponteiro tentará defletir no sentido contrário, podendo danificá-lo, como na Figura 4.16.

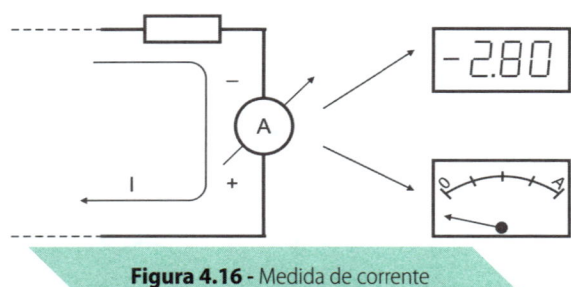

Figura 4.16 - Medida de corrente contínua com terminais invertidos.

Se a corrente a ser medida for alternada (CA), os polos positivo e negativo do amperímetro podem ser ligados ao circuito sem se levar em conta a polaridade, resultando em uma medida sempre positiva de corrente, conforme ilustrado na Figura 4.17.

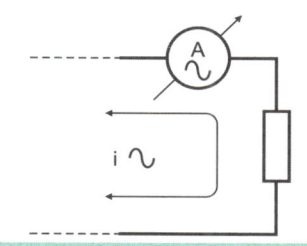

Figura 4.17 - Medida com amperímetro CA.

4.2.4 Amperímetro de alicate

Um amperímetro CA muito comum para aplicação em instalações elétricas residenciais e industriais é o *amperímetro de alicate*, que vemos na Figura 4.18(a). Nele, a corrente é medida de forma indireta, a partir do campo magnético que surge em torno do condutor, como na Figura 4.18(b).

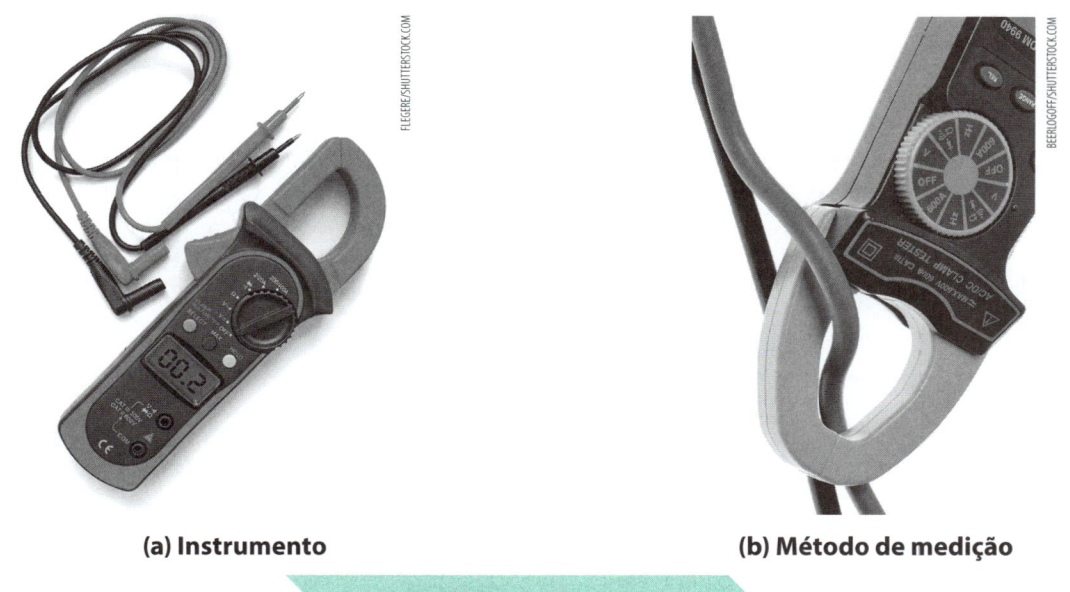

(a) Instrumento   **(b) Método de medição**

Figura 4.18 - Amperímetros de alicate.

A vantagem desse amperímetro é que, além de não necessitar abrir o condutor para realizar a medida, ele oferece maior proteção para o operador, principalmente quando se trata de instalação de alta tensão.

EXERCÍCIO RESOLVIDO

1. Considere o circuito da Figura 4.19:

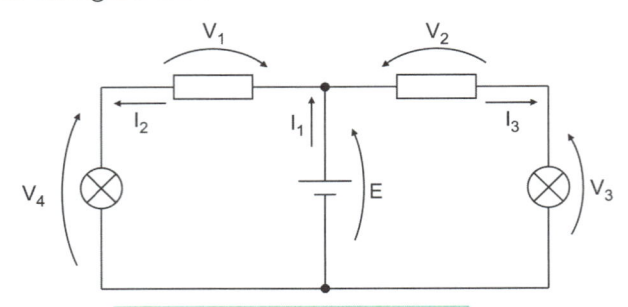

Figura 4.19 - Circuito elétrico.

a) Refaça o seu esquema elétrico, inserindo dois voltímetros para medirem as tensões E e V_4.

Solução

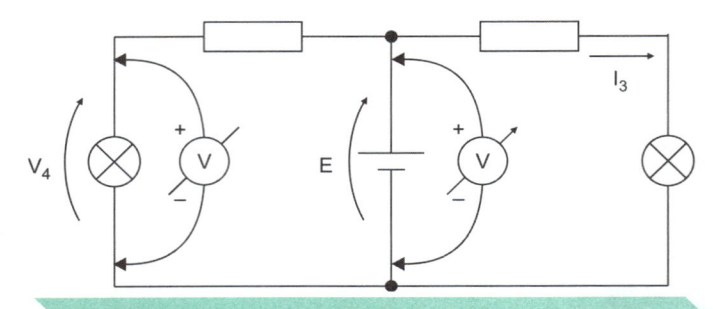

Figura 4.20 - Circuito elétrico com voltímetros.

b) Refaça o seu esquema elétrico, inserindo dois amperímetros para medirem as correntes I_1 e I_3.

Solução

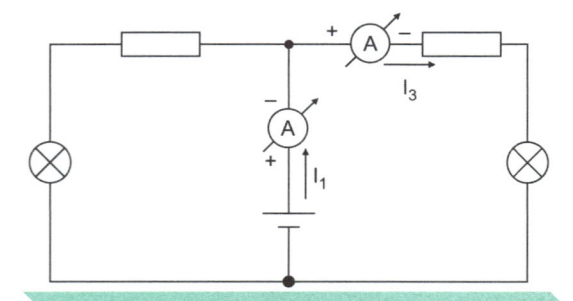

Figura 4.21 - Circuito elétrico com amperímetros.

VAMOS RECAPITULAR?

Vimos neste capítulo as características de dispositivos como pilha e bateria e equipamentos como fonte de alimentação eletrônica, necessários para fornecer tensão aos circuitos elétricos.

Analisamos as características e os modos de utilização dos instrumentos de medidas usados para medir tensão e corrente, respectivamente, o voltímetro e o amperímetro.

AGORA É COM VOCÊ!

1. Pesquise sobre as especificações de tensão e corrente de dois tipos de carregador de bateria, por exemplo, de um celular e de um notebook. As especificações estão normalmente gravadas no gabinete do carregador.

2. Pesquise o significado da especificação mA.h ou A.h das pilhas e baterias comuns ou recarregáveis.

3. Determine a tensão total das baterias representadas a seguir:

(a) Bateria 1 **(b) Bateria 2** **(c) Bateria 3**

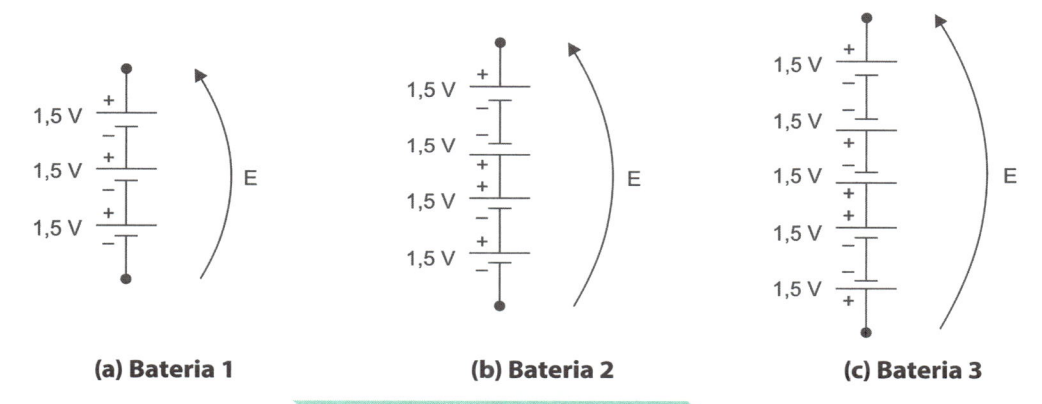

Figura 2.22 - Baterias de pilhas.

4. Tem-se três pilhas usadas com as tensões seguintes:

- Pilha 1: $V_1 = 1,22$ V
- Pilha 2: $V_2 = 0,86$ V
- Pilha 3: $V_1 = 1,45$ V

Determine a tensão total das baterias implementadas dos seguintes modos:

a) Bateria 1: pilhas 1, 2 e 3 ligadas em série e com as mesmas polaridades.

b) Bateria 2: pilhas 1, 2 e 3 ligadas em série, estando a pilha 2 no centro e com a polaridade invertida.

c) Bateria 3: pilhas 1, 2 e 3 ligadas em série, estando a pilha 2 em uma extremidade e com a polaridade invertida.

d) Bateria 4: pilhas 1 e 2 ligadas em série e com as mesmas polaridades.

e) Bateria 5: pilhas 1 e 2 ligadas em série, estando a pilha 1 com a polaridade invertida.

5. Considere o circuito da Figura 4.23:

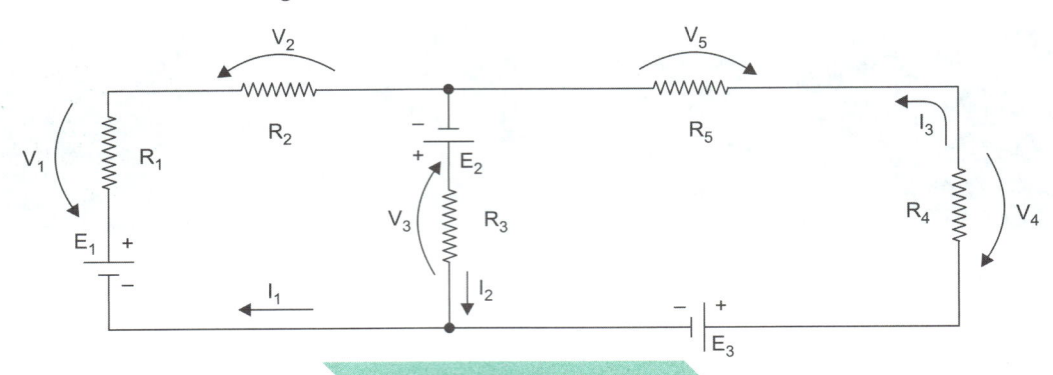

Figura 4.23 - Circuito elétrico.

a) Refaça o seu esquema elétrico, inserindo três voltímetros para medirem as tensões E_1, V_2 e V_4.

b) Refaça o seu esquema elétrico, inserindo três amperímetros para medirem as correntes I_1, I_2 e I_3.

6. Um voltímetro e um amperímetro, ambos analógicos, estão conectados em um circuito. Qual é o valor das medidas, conforme as marcações dos ponteiros dos instrumentos e das respectivas escalas selecionadas, conforme a Figura 4.24?

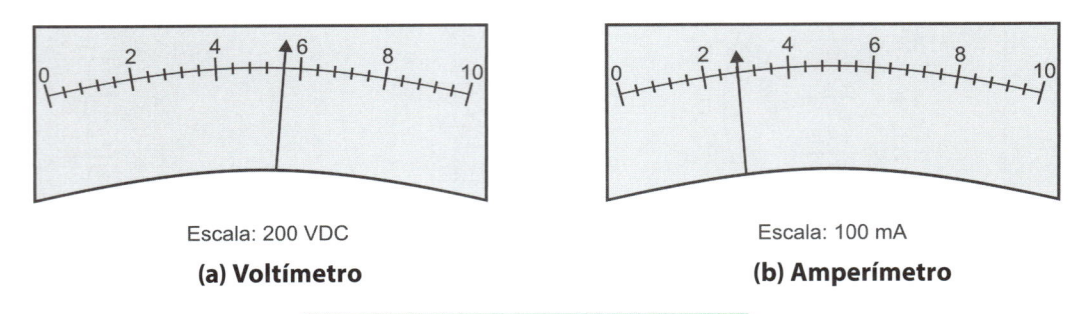

Escala: 200 VDC
(a) Voltímetro

Escala: 100 mA
(b) Amperímetro

Figura 4.24 - Instrumentos analógicos.

7. Relacione as colunas de forma que as escalas do multímetro estejam adequadas para as medidas sugeridas:

Medidas	Itens a serem analisados
I – Tensão da rede elétrica residencial	a – 200 mA (DC)
II – Corrente de um rádio portátil a pilha	b – 10A (AC)
III – Tensão da bateria de um automóvel	c – 2 V (DC)
IV – Corrente de uma máquina de lavar roupas	d – 700 V (AC)
V – Tensão de uma pilha comum de lanterna	e – 20 V (DC)

5

RESISTÊNCIA ELÉTRICA E PRIMEIRA LEI DE OHM

PARA COMEÇAR

Neste capítulo, estudaremos o conceito de resistência elétrica e analisaremos a relação entre resistência, tensão e corrente. Essa relação é denominada primeira lei de Ohm. Depois, apresentaremos os tipos comerciais de resistência, ôhmicas e não ôhmicas, fixas e variáveis. Por fim, veremos as características e os modos de utilização do instrumento de medida de resistência elétrica, denominado ohmímetro.

5.1 Bipolos gerador e receptor

Denomina-se *bipolo* qualquer dispositivo formado por dois terminais, podendo ser representado genericamente pelo símbolo mostrado na Figura 5.1(a).

Se o bipolo *eleva o potencial elétrico* do circuito, ou seja, se a corrente entra no dispositivo pelo polo de menor potencial e sai pelo polo de maior potencial, trata-se de um *bipolo ativo* ou *gerador*, como as fontes de alimentação, que vemos na Figura 5.1(b).

Se o bipolo provoca *queda de potencial elétrico* no circuito, ou seja, se a corrente entra no dispositivo pelo polo de maior potencial e sai pelo polo de menor potencial, trata-se de um *bipolo passivo* ou *receptor*, como os demais dispositivos, conforme apresentado na Figura 5.1(c).

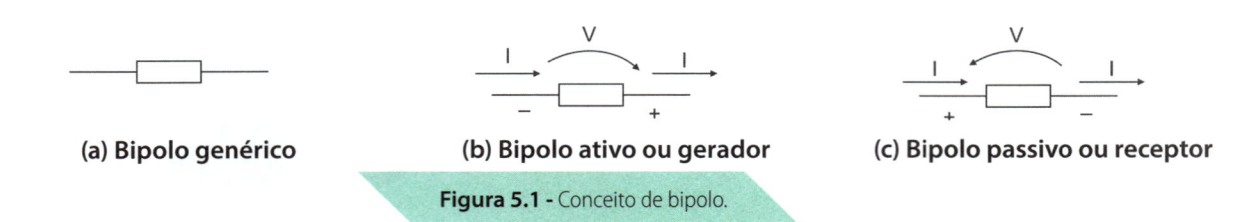

(a) Bipolo genérico   **(b) Bipolo ativo ou gerador**   **(c) Bipolo passivo ou receptor**

Figura 5.1 - Conceito de bipolo.

No circuito da lanterna apresentado no Capítulo 2, a bateria de 6,0 V fornece uma corrente I à lâmpada, como na Figura 5.2.

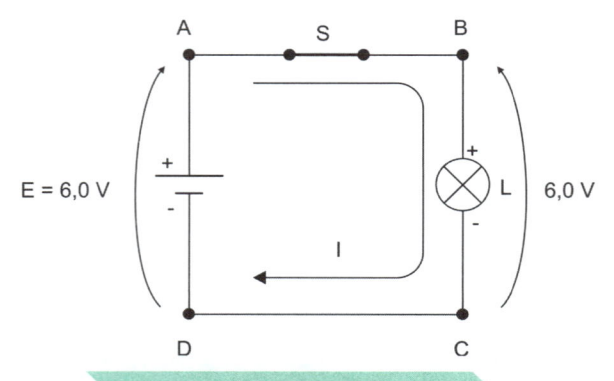

Figura 5.2 - Circuito da lanterna.

Quando a chave está fechada, a corrente I sai do ponto A (polo positivo da bateria) e segue em direção ao ponto B, atravessa a lâmpada até o ponto C e retorna pelo ponto D (polo negativo da bateria). Assim, a corrente circula pelo circuito enquanto a chave permanece fechada. Acompanhando o sentido da corrente elétrica, verificamos que a bateria eleva o potencial do circuito, fornecendo energia a ele, e a lâmpada provoca queda de potencial no circuito consumindo essa energia, isto é, transformando-a em luz e em calor.

5.2 Resistência elétrica

Resistência é a característica elétrica dos materiais que representa a *oposição* à passagem da corrente elétrica.

A oposição à condução da corrente elétrica é provocada, principalmente, pela dificuldade dos elétrons livres se movimentarem através da estrutura atômica dos materiais, como mostrado na Figura 5.3.

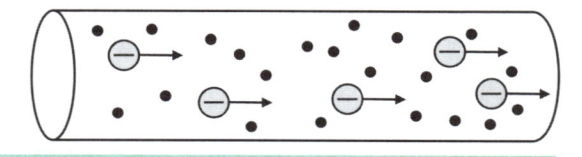

Figura 5.3 - Resistência à movimentação dos elétrons.

A resistência elétrica é representada pela letra R e sua unidade de medida é *ohm* [Ω]. Os símbolos usuais para representar a resistência em um circuito elétrico estão apresentados na Figura 5.4.

Figura 5.4 - Símbolos de resistência elétrica.

O choque dos elétrons com os átomos provoca a transferência de parte da sua energia para eles, que passam a vibrar com mais intensidade, aumentando a temperatura do material e, portanto, *produzindo calor*.

O aumento de temperatura do material em razão da passagem da corrente elétrica é denominado *efeito Joule*, como mostra a Figura 5.5.

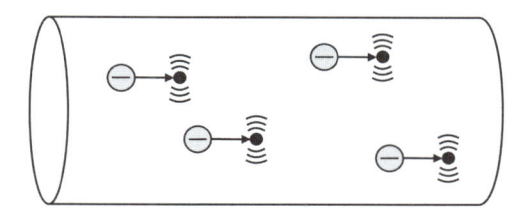

Figura 5.5 - Produção de calor por efeito Joule.

As resistências elétricas que têm como função produzir calor são encontradas em diversos equipamentos eletrodomésticos, como chuveiro, torneira elétrica, aquecedor elétrico, ferro de passar roupas etc.

A lâmpada da lanterna é, também, um tipo de resistência elétrica. O aumento da temperatura do seu filamento interno torna-o incandescente, transformando parte da energia elétrica em calor e parte em luz, conforme a Figura 5.6.

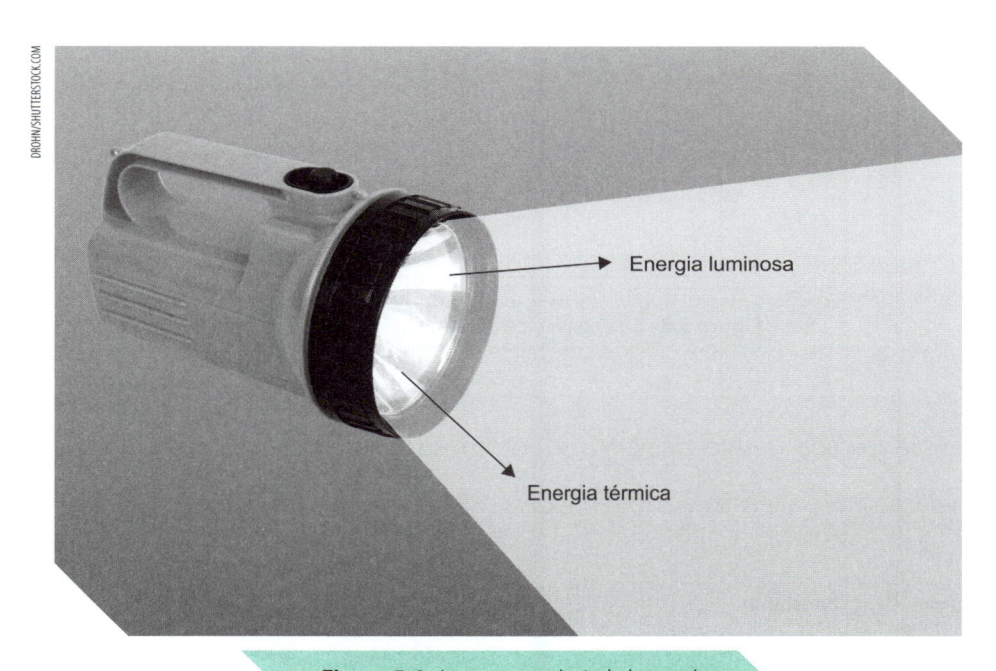

Figura 5.6 - Lanterna produzindo luz e calor.

> **AMPLIE SEUS CONHECIMENTOS**
>
> **GEORG SIMON OHM**
>
> Físico alemão, Ohm trabalhou como professor de física e de matemática.
>
> Em 1826 publicou seu trabalho "Exposição Matemática das Correntes Galvânicas", demonstrando as leis de Ohm.
>
> A unidade de medida de resistência elétrica é chamada ohm em sua homenagem.
>
> Para ampliar seus conhecimentos sobre este físico, consulte o site: <www.explicatorium.com/biografias/georg-ohm.html>. Acesso em: 5 mar. 2018.
>
> **Figura 5.7 -** Georg Simon Ohm (1789-1854).

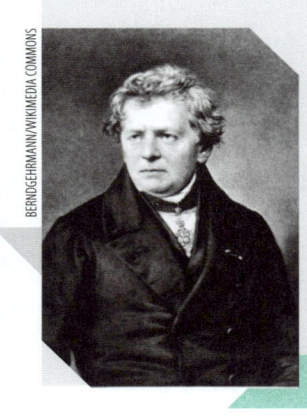

5.3 Primeira lei de Ohm

A *primeira lei de Ohm* analisa a relação entre tensão, corrente e resistência. A intensidade da corrente I que atravessa uma resistência R depende do valor da tensão V aplicada e da própria resistência R.

Vejamos o seguinte experimento: o circuito mostrado na Figura 5.8 representa uma fonte de tensão variável ligada a uma resistência elétrica R. Em paralelo à resistência, o voltímetro mede a tensão V nela aplicada. Em série com a resistência, o amperímetro mede a corrente I que a atravessa.

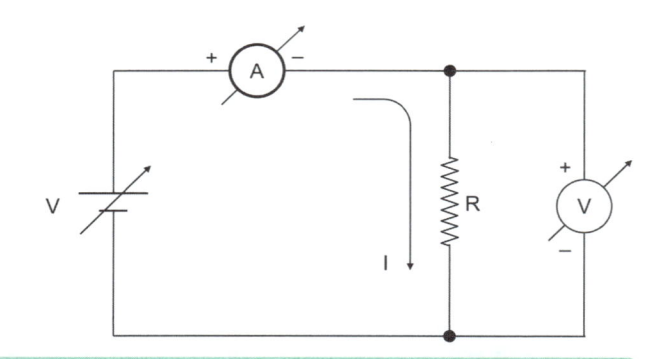

Figura 5.8 - Experimento para a comprovação da lei de Ohm.

Para cada tensão aplicada à resistência (V_1, V_2, ...V_n), obtém-se uma corrente diferente (I_1, I_2, ... I_n).

Fazendo a relação entre a tensão e a corrente para cada caso, observa-se que:

$$\frac{V_1}{I_1} = \frac{V_2}{I_2} = ... = \frac{V_n}{I_n} = \text{constante}$$

Essa característica linear é o que chamamos de comportamento ôhmico, como mostra o Gráfico 5.1.

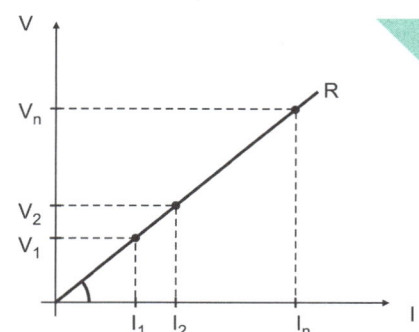

Gráfico 5.1 - Comportamento ôhmico da resistência elétrica

O valor constante resultante da relação entre as tensões e as correntes equivale à resistência elétrica R do material, cuja unidade de medida é volt/ampère [V/A] ou, simplesmente, ohm [Ω].

A primeira lei de Ohm pode ser expressa matematicamente por:

$$R = \frac{V}{I} \quad \text{ou} \quad V = R \cdot I \quad \text{ou} \quad I = \frac{V}{R}$$

EXERCÍCIOS RESOLVIDOS

1. Por uma resistência passa uma corrente de 150 µA, provocando uma queda de tensão de 1,8 V. Qual é o valor dessa resistência?

Figura 5.9 - Tensão e corrente em resistência elétrica.

Solução

$$V = R \cdot I \Rightarrow R = \frac{V}{I} \Rightarrow R = \frac{1,8}{150 \cdot 10^{-6}} \Rightarrow R = 12 \text{ k}\Omega$$

2. Por uma resistência de 150 Ω passa uma corrente elétrica de 60 mA. Qual é a queda de tensão que ela provoca no circuito?

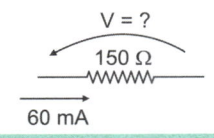

Figura 5.10 - Queda de tensão em resistência elétrica.

Solução

$$V = R \cdot I \Rightarrow V = 150 \cdot 60 \cdot 10^{-3} \Rightarrow V = 9\ V$$

3. Qual é a intensidade da corrente elétrica que passa por uma resistência de 1 kΩ submetida a uma tensão de 12 V?

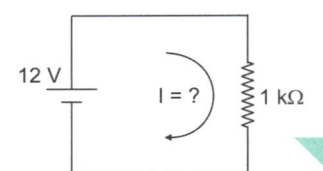

Figura 5.11 - Corrente em resistência elétrica.

Solução

$$V = R \cdot I \Rightarrow I = \frac{V}{R} \Rightarrow I = \frac{12}{1 \cdot 10^3} \Rightarrow I = 12\ mA$$

5.4 Tipos de resistência

5.4.1 Resistências ôhmicas e não ôhmicas

A maioria das resistências elétricas tem comportamento ôhmico, isto é, linear, como no Gráfico 5.2(a).

Gráfico 5.2 - Comportamento da resistência elétrica.

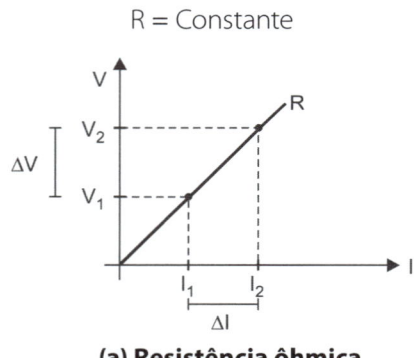

(a) Resistência ôhmica

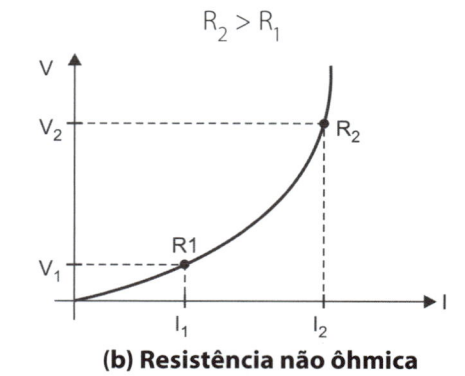

(b) Resistência não ôhmica

Porém, alguns materiais apresentam comportamento não ôhmico ou não linear, que pode ser representado por um gráfico não linear, como o mostrado no Gráfico 5.2(b).

Em cada ponto de operação (V_i, I_i), a resistência assume um valor, sendo mais elevado quanto maior for o valor da corrente ou da tensão.

Dentre os diversos materiais que apresentam comportamento não ôhmico está o tungstênio, usado na fabricação do filamento de lâmpadas incandescentes.

5.4.2 Resistências fixas

Diversos dispositivos são fabricados para atuarem como resistências fixas em um circuito elétrico.

5.4.2.1 Resistor

O *resistor* é um dispositivo cujo valor de resistência, sob condições normais, permanece constante.

Comercialmente podem ser encontrados resistores com diversas tecnologias de fabricação, aspectos e características, como mostra a Tabela 5.1.

Tabela 5.1 - Tipos de resistores comerciais

Tipo de resistor	Valor nominal	Tolerância	Potência
Filme metálico	1 a 10 MΩ	1% a 5%	1/8 a 5 W
Filme carbono	1 a 10 MΩ	5% a 10%	1/8 a 5 W
Fio	1 a 1 kΩ	5% a 20%	1/2 a 100 W
SMD	1 a 10 MΩ	1% a 5%	1/10 a 1 W

> **FIQUE DE OLHO!**
>
> SMD é a sigla de *Surface Mounting Device*, que significa Dispositivo de Montagem em Superfície.

Das características dos resistores, duas merecem uma explicação adicional:

- **Potência:** o conceito de potência será abordado no Capítulo 7, mas para que essa característica do resistor seja compreendida, podemos dizer que ela está relacionada ao efeito Joule, isto é, ao aquecimento provocado pela passagem da corrente pela resistência. Por isso, o fabricante informa qual é a potência máxima que o resistor suporta sem alterar o seu valor além da tolerância prevista e sem danificá-lo.
- **Tolerância:** os resistores não são componentes ideais. Por isso, os fabricantes fornecem o seu valor nominal R_N acompanhado de uma tolerância $r_\%$, que nada mais é do que a sua margem de erro, expressando a faixa de valores prevista para ele. Assim, o valor real R de um resistor pode estar compreendido entre um valor mínimo R_m e máximo R_M, isto é, $R_m \leq R \leq R_M$, sendo essa faixa de resistências dada por $R = R_N \pm r_\%$.

> **EXERCÍCIO RESOLVIDO**
>
> **4.** Um resistor tem a especificação seguinte: 22 kΩ ± 5%. Determine a sua faixa de resistências prevista por seu fabricante.
>
> **Solução**
>
> $$r = \frac{r_\%}{100} \cdot R_N = \frac{5}{100} \cdot 22000 \Rightarrow r = 1100 \, \Omega$$
>
> $$R_M = R_N + r = 22000 + 1100 = 23100 \Rightarrow R_M = 23{,}1 \text{ k}\Omega$$
>
> $$R_m = R_N - r = 22000 - 1100 = 20900 \Rightarrow R_m = 20{,}9 \text{ k}\Omega$$
>
> **Conclusão**
>
> 20,9 kΩ ≤ R ≤ 23,1 kΩ

5.4.2.2 Código de cores

Os resistores de maior potência, por terem maiores dimensões, podem ter gravados em seus corpos os seus valores nominais e tolerâncias. Porém, os resistores de baixa potência são muito pequenos, tornando inviável essa gravação.

Assim, gravam-se nos resistores anéis coloridos que, a partir de um código de cores preestabelecido, informam os seus valores nominais e suas tolerâncias.

Comercialmente, existem seis séries de resistores fixos e três tipos de código de cores. Os códigos de cores são formados por três, quatro e cinco anéis, como podemos ver na Figura 5.12.

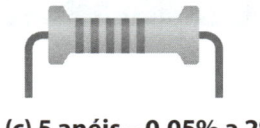

(a) 3 anéis – 20%   **(b) 4 anéis – 5% e 10%**   **(c) 5 anéis – 0,05% a 2% (precisão)**

Figura 5.12 - Tipos de código de cores em resistores.

São denominados *resistores de precisão* aqueles com tolerâncias menores que 5%, a saber: 2%, 1%, 0,5%, 0,25%, 0,1% e 0,05%.

FIQUE DE OLHO!

Os resistores de 10% e 20% são raros e só existem em equipamentos antigos.

A leitura do valor nominal e da tolerância de um resistor é feita conforme mostra o esquema e a Tabela 5.2.

Tabela 5.2 - Código de cores para resistores

	Resistores - código de cores				
	Código de 3 anéis	Código de 4 anéis		Código de 5 anéis	
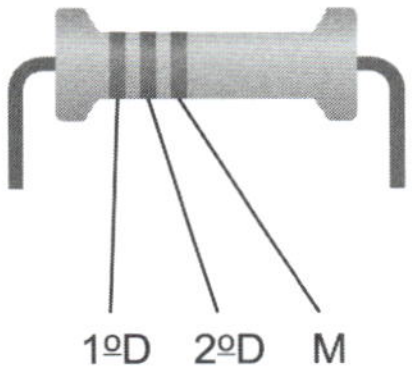	1ºD 2ºD M	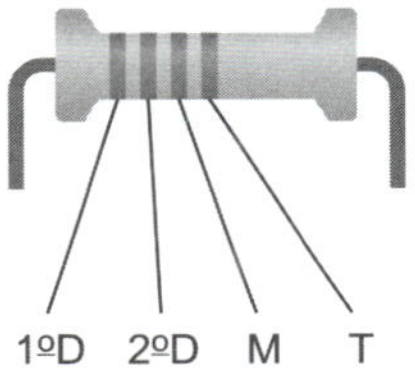 1ºD 2ºD M T		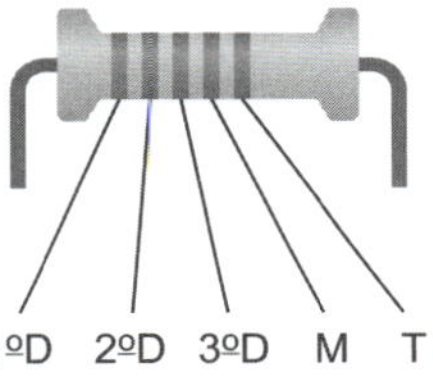 1ºD 2ºD 3ºD M T	
Cores	1º dígito	2º dígito	3º dígito	Múltiplo	Tolerância
Preto		0	0	x 1	
Marrom	1	1	1	x 10	±1%
Vermelho	2	2	2	x 10^2	±2%
Laranja	3	3	3	x 10^3	
Amarelo	4	4	4	x 10^4	
Verde	5	5	5	x 10^5	±0,5%
Azul	6	6	6	x 10^6	±0,25%
Violeta	7	7	7	x 10^7	±0,1%
Cinza	8	8	8		±0,05%
Branco	9	9	9		
Ouro				x 10^{-1}	±5%
Prata				x 10^{-2}	±10%
Sem cor					±20%

RESISTÊNCIA ELÉTRICA E PRIMEIRA LEI DE OHM

EXERCÍCIOS RESOLVIDOS

5. Determine o valor nominal e a tolerância dos seguintes resistores:

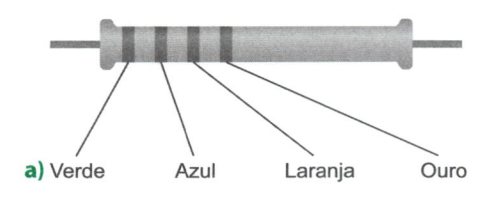

a) Verde – Azul – Laranja – Ouro

Figura 5.13 - Resistor com quatro anéis.

b) Azul – Amarelo – Branco – Ouro – Marrom

Figura 5.14 - Resistor com cinco anéis.

Solução

a)

Verde	Azul	Laranja	Ouro
5	6	10^3	5%

$$R = 56 \cdot 10^3 \, \Omega \pm 5\% \Rightarrow R = 56 \text{ k}\Omega \pm 5\%$$

b)

Azul	Amarelo	Branco	Ouro	Marrom
6	4	9	10^{-1}	1%

$$R = 649 \cdot 10^{-1} \, \Omega \pm 1\% \Rightarrow R = 64,9 \, \Omega \pm 1\%$$

6. Descreva as cores dos anéis dos seguintes resistores:

a) 3,3 kΩ ± 5%

b) 4,87 MΩ ± 2%

Solução

a) 3,3 kΩ ± 5% = 3300 Ω ± 5% ⇒ laranja – laranja – vermelho – ouro

b) 4,87 MΩ ± 2% = 4870000 Ω ± 2% ⇒ amarelo – cinza – violeta – amarelo – vermelho

5.4.2.3 Séries de valores comerciais de resistores fixos

As séries de resistores de três e quatro anéis são formadas pelas *décadas de referência*, cujos múltiplos e submúltiplos referem-se aos valores nominais dos resistores comerciais. No caso das séries de resistores de cinco anéis, elas são formadas pelas *centenas de referência*.

Vejamos os exemplos:

A década de referência 47 informa que há os seguintes valores nominais de resistores comerciais:

- **Submúltiplos**: 0,47 Ω – 4,7 Ω
- **Referência**: 47 Ω
- **Múltiplos**: 470 Ω – 4,7 kΩ – 47 kΩ – 470 kΩ – 4,7 MΩ

A centena de referência 169 informa que há os seguintes valores nominais de resistores comerciais:

- **Submúltiplos**: 1,69 Ω – 16,9 Ω
- **Referência**: 169 Ω
- **Múltiplos**: 1,69 kΩ – 16,9 kΩ – 169 kΩ – 1,69 MΩ

FIQUE DE OLHO!

Em esquemas elétricos, nos resistores cujos valores têm vírgula, esta deve ser substituída pela letra R ou pelos prefixos métricos k (quilo) ou M (mega). Dessa forma, evita-se que uma falha de impressão na vírgula ou uma mancha resultem na leitura errada do valor do resistor.

Por exemplo, veja como os resistores seguintes são representados no esquema elétrico da Figura 5.15:

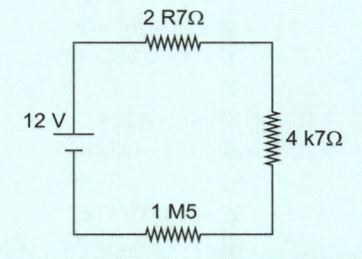

2,7 Ω ⇒ 2 R7 Ω

4,7 kΩ ⇒ 4 k7 Ω

1,5 MΩ ⇒ 1 M5 Ω

Figura 5.15 - Representação de valores de resistores em esquema elétrico.

Os resistores de 5% de tolerância (4 anéis) são os mais utilizados em circuitos eletrônicos de equipamentos em geral, enquanto os de 0,5%, 1% e 2%, denominados *resistores de precisão*, são utilizados em instrumentos de medição.

A Tabela 5.3 apresenta as séries de resistores fixos de 20% a 0,5% e suas respectivas décadas ou centenas de referência.

Embora os valores dos resistores sejam normalizados, nem todos são encontrados facilmente. Por isso, destacamos os resistores de 5% mais utilizados em circuitos eletrônicos e mais facilmente encontrados comercialmente.

Tabela 5.3 - Séries de valores comerciais de resistores fixos

Série	Anéis	Tolerância	Décadas de referência
E6	3	20%	6 valores: 10 - 15 - 22 - 33 - 47 - 68
E12	4	10%	12 valores: 10 - 12 - 15 - 18 - 22 - 27 - 33 - 39 - 47 - 56 - 68 - 82
E24	4	5%	24 valores: 10 - 11 - 12 - 13 - 15 - 16 - 18 - 20 - 22 - 24 - 27- 30 - 33 - 36 - 39 - 43 - 47 - 51 - 56 - 62 - 68 - 75 - 82 - 91
Série	Anéis	Tolerância	Centenas de referência - resistores de precisão
E48		2%	48 valores: 100 - 105 - 110 - 115 - 121 - 127 - 130 - 140 - 147 – 154 - 162 - 169 - 178 - 187 - 196 - 205 - 215 - 226 - 237 - 249 - 261 - 274 - 287 - 301 - 316 - 332 - 348 - 365 - 383 - 402 - 422 - 442 - 464 - 487 - 511 - 536 - 562 - 590 - 619 - 649 - 681 - 715 - 750 - 787 - 825 - 866 - 909 - 953
E96	5	1%	96 valores: 100 - 102 - 105 - 107 - 110 - 113 -115 - 118 - 121 - 124 - 127 - 130 - 133 - 137- 140 - 143 - 147 - 150 - 154 - 158 - 162 - 165 - 169 - 174 - 178 - 182 - 187 - 191 - 196 - 200 - 205 - 210 - 215 - 221 - 226 - 232 - 237 - 243 - 249 - 255 - 261 - 267 - 274 - 280 - 287 - 294 - 301 - 309 - 316 - 324 - 332 - 340 - 348 - 357 - 365 - 374 - 383 - 392 - 402 - 412 - 422 - 432 - 442 - 453 - 464 - 475 - 487 - 499 - 511 - 523 - 536 - 549 - 562 - 576 - 590 - 604 - 619 - 634 - 649 - 665 - 681 - 698 - 715 - 732 - 750 - 768 - 787 - 806 - 825 - 845 - 866- 887 - 909 - 931 - 953 - 976
E192		0,5%	192 valores: 100 - 101 - 102 - 104- 105 - 106- 107 - 109 - 110 - 111 - 113 - 114 -115 - 117 - 118 - 120 - 121 - 123 - 124- 126 - 127 - 129 - 130 - 132 - 133 - 135 - 137 - 138 - 140 - 142 - 143 - 145 - 147 - 149 - 150 - 152 - 154 - 156 - 158- 160 - 162 - 164 - 165 - 167 - 169 - 172 - 174 - 176 - 178 - 180 - 182 - 184 - 187 - 189 - 191 - 193 - 196 - 198 - 200 - 203 - 205- 208 - 210 - 213 - 215 - 218 - 221 - 223 - 226 - 229 - 232 - 234 - 237 - 240 - 243 - 246 - 249 - 252 - 255 - 258 - 261 - 264 - 267 - 271 - 274 - 277 - 280 - 284 - 287- 291 - 294- 298 - 301 - 305 - 309 - 312 - 316 - 320- 324 - 328 - 332- 336 - 340 - 344 - 348 - 352 - 357 - 361 - 365 - 370 - 374 - 379 - 383 - 388 - 392 - 397 - 402 - 407 - 412 - 417 - 422 - 427 - 432 - 437 - 442 - 448 - 453 - 459 - 464 - 470 - 475 - 481 - 487 - 493 - 499 - 505 - 511 - 517 - 523 - 530 - 536 - 542 - 549 - 556 - 562 - 569 - 576 - 583 - 590 - 597 - 604 - 612 - 619 - 626 - 634 - 642 - 649 - 657 - 665 - 673 - 681 - 690 - 698 - 706 - 715 - 723 - 732 - 741 - 750 - 759 - 768 - 777 - 787 - 796 - 806 - 816 - 825 - 835 - 845 - 856 - 866 - 876- 887 - 898 - 909 - 920 - 931 - 942 - 953 - 965 - 976 - 988

EXERCÍCIO RESOLVIDO

7. No projeto de um amplificador, foram calculados os valores dos quatro resistores de polarização do transistor: R_{B1}=4864; R_{B2}=2355 Ω; R_C=326 Ω; R_E=77,2 Ω. Escolha os resistores comerciais mais próximos, com tolerâncias de 1 e 5%, que poderão ser utilizados na montagem desse amplificador.

Solução

1% $\Rightarrow R_{B1}$=4,87 kΩ – R_{B2}=2,37 kΩ – R_C=324 Ω – R_E=76,8 Ω

5% $\Rightarrow R_{B1}$=4,7 kΩ – R_{B2}=2,4 kΩ – R_C=330 Ω – R_E=75 Ω

5.4.3 Resistências variáveis

Diversos dispositivos são fabricados para atuarem como resistências variáveis em circuitos elétricos. Eles podem ser denominados *potenciômetro*, *trimpot* e *reostato*, dependendo de suas características construtivas e da função que desempenham nos circuitos.

A resistência variável é aquela que possui uma haste para o ajuste manual da resistência entre os seus terminais, cujos símbolos usuais são mostrados na Figura 5.16.

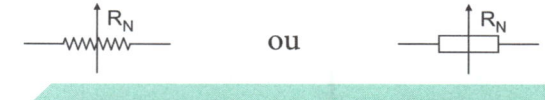

Figura 5.16 - Símbolos para resistências variáveis.

As resistências variáveis possuem três terminais. A resistência entre as duas extremidades é o seu valor nominal R_N (resistência máxima). A resistência ajustada é obtida entre uma das extremidades e o terminal central, que é acoplado mecanicamente à haste de ajuste, conforme mostra a Figura 5.17.

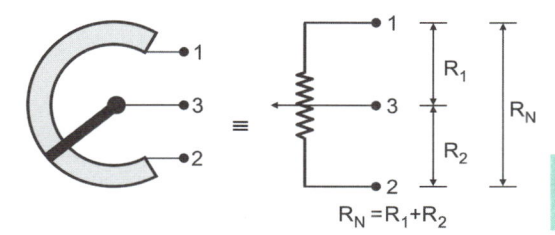

$$R_N = R_1 + R_2$$

Figura 5.17 - Característica construtiva da resistência variável.

5.4.3.1 Tipos de resistência variável

Comercialmente podem ser encontrados diversos tipos de resistência variável em função de suas aplicações. A Tabela 5.4 mostra alguns tipos de resistências variáveis, bem como exemplos de seus empregos.

Tabela 5.4 - Tipos e aplicações das resistências variáveis

Rotativo	Potenciômetro
Deslizante	Os potenciômetros rotativos e deslizantes são utilizados em equipamentos que precisam da atuação constante do usuário, como o controle de volume de um amplificador de áudio.

RESISTÊNCIA ELÉTRICA E PRIMEIRA LEI DE OHM

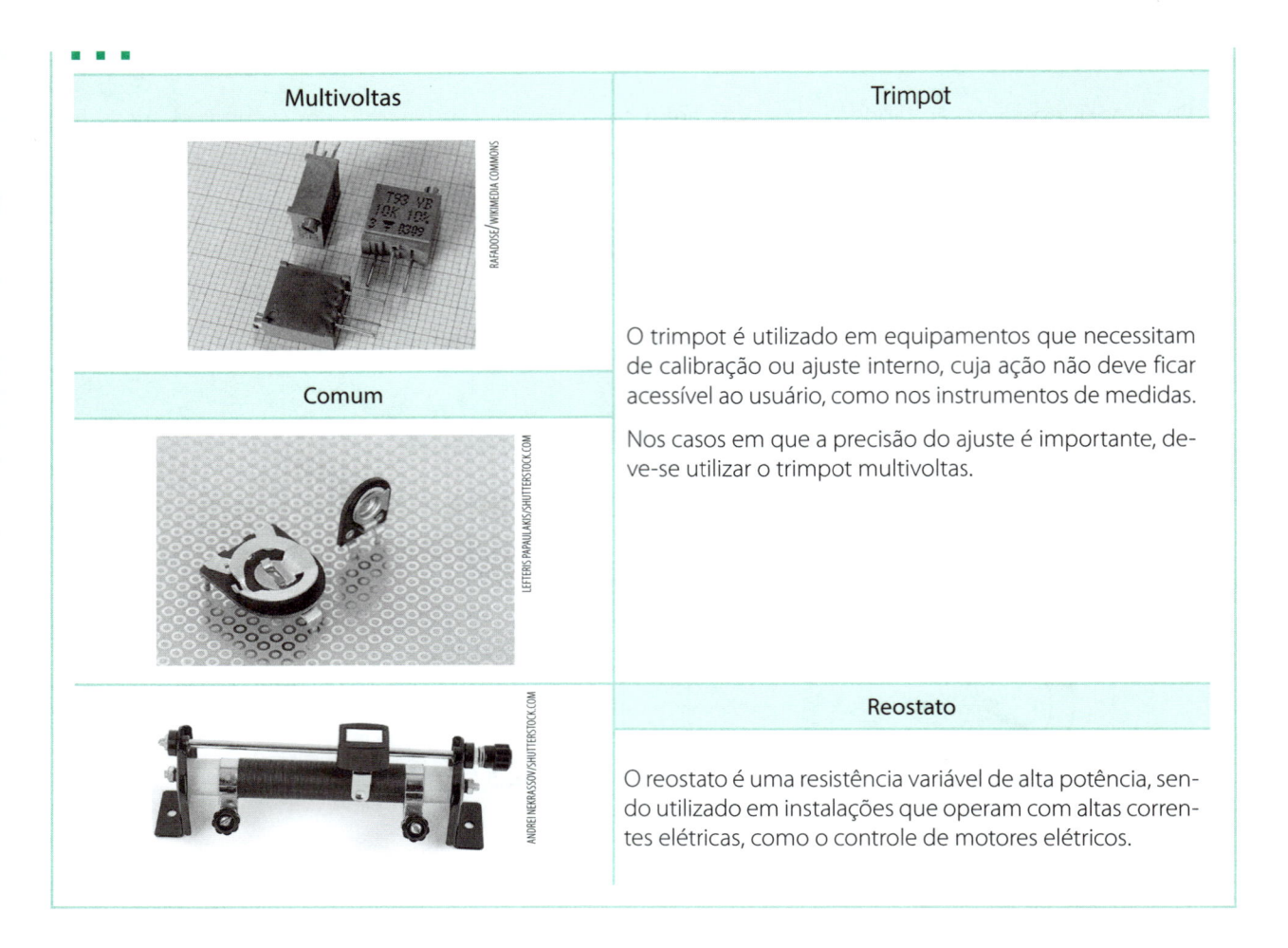

Multivoltas	Trimpot
	O trimpot é utilizado em equipamentos que necessitam de calibração ou ajuste interno, cuja ação não deve ficar acessível ao usuário, como nos instrumentos de medidas.

Nos casos em que a precisão do ajuste é importante, deve-se utilizar o trimpot multivoltas. |
Comum	
	Reostato
	O reostato é uma resistência variável de alta potência, sendo utilizado em instalações que operam com altas correntes elétricas, como o controle de motores elétricos.

5.4.3.2 Valores comerciais de resistências variáveis

Comercialmente podem ser encontradas resistências variáveis de diversos valores. As *décadas de referência* mais comuns, cujos valores nominais são seus múltiplos e submúltiplos, estão na Tabela 5.5.

Tabela 5.5 - Série de valores comerciais de resistências variáveis

Décadas para resistências variáveis					
10	20	22	25	47	50

A resistência variável, embora possua três terminais, é também um bipolo, pois após o ajuste ela se comporta como um resistor de dois terminais com o valor desejado.

Apresentação do valor nominal

Nos potenciômetros e trimpots, há duas formas comuns de apresentação de seus valores nominais.

A primeira é direta, isto é, com dois algarismos e, se houver, o prefixo métrico e, normalmente, sem a unidade de medida. Exemplos: 100 (para 100Ω) – 10k (para 10 kΩ) – 1M (para 1 MΩ). Já a segunda é indireta e análoga ao código de cores de resistores fixos, só que, ao invés de três cores, os valores são escritos diretamente no encapsulamento. Exemplos: 101 (para 100 Ω) – 103 (para 10 kΩ) – 105 (para 1 MΩ).

5.4.3.3 Potenciômetros linear e logarítmico

Os potenciômetros podem ser *linear* ou *logarítmico* dependendo de como varia o seu valor em função da ação da haste de ajuste.

A seguir, no Gráfico 5.3, apresentamos a diferença de comportamento da resistência entre um potenciômetro rotativo linear e um potenciômetro rotativo logarítmico. O potenciômetro logarítmico recebe a denominação A em seu encapsulamento, enquanto o linear recebe a denominação B.

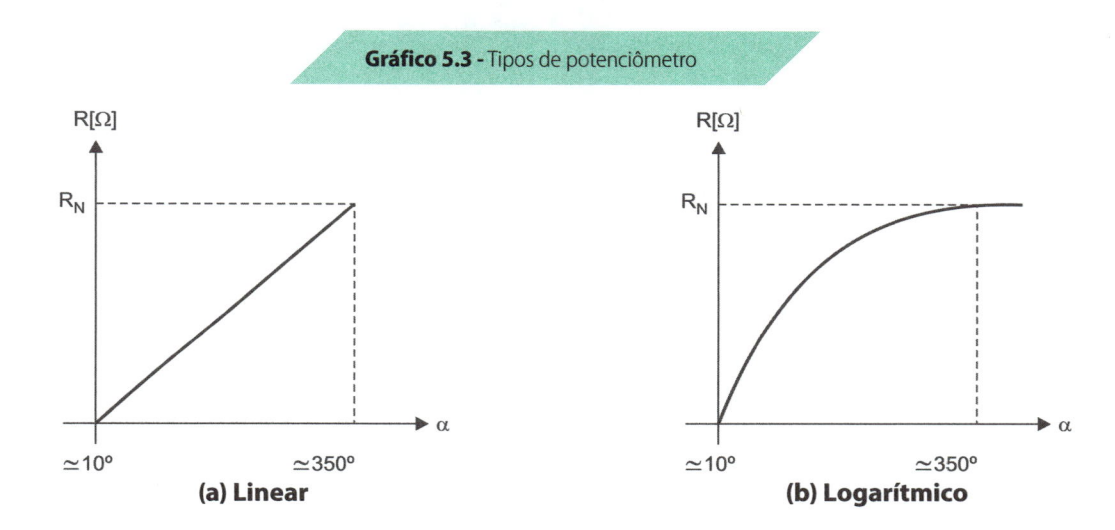

Gráfico 5.3 - Tipos de potenciômetro

(a) Linear

(b) Logarítmico

Por exemplo, um potenciômetro com a denominação A10k ou A103 inscrita em seu corpo informa que se trata de um potenciômetro logarítmico de valor nominal 10 kΩ, e um potenciômetro com a denominação B2k2 ou B222 informa que se trata de um potenciômetro linear de valor nominal 2,2 kΩ.

5.5 Ohmímetro

Ohmímetro é a denominação do instrumento que mede *resistência elétrica*. Os multímetros analógicos e digitais possuem escalas apropriadas para atuarem como ohmímetros.

Para medir a resistência elétrica de uma resistência fixa ou variável ou, ainda, de um conjunto de resistores interligados, é preciso que eles não estejam submetidos a nenhuma tensão, pois isso poderia acarretar erro de medida ou até danificar o instrumento. Assim, é necessário desconectar o dispositivo do circuito para a medida de sua resistência.

Para realizar a medida, os terminais do ohmímetro devem ser ligados em paralelo com o dispositivo ou circuito a ser medido, sem se importar com a polaridade dos terminais do instrumento.

> **FIQUE DE OLHO!**
>
> Nunca segure os dois terminais do dispositivo a ser medido com as mãos, pois a resistência do corpo humano interfere na medida, causando erro. Quanto maior é a resistência a ser medida, maior é a interferência provocada pelo corpo humano. 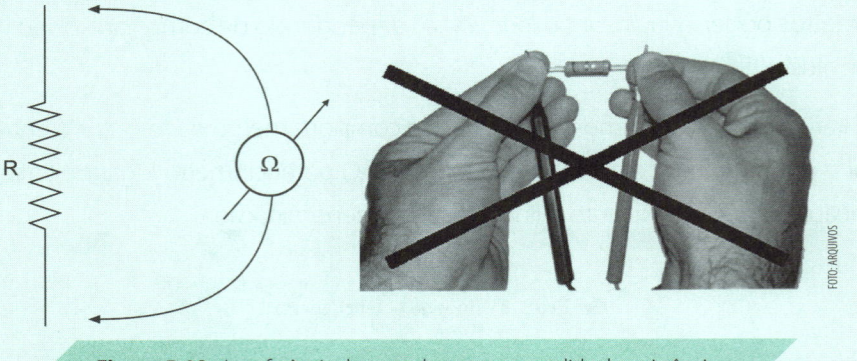
>
> **Figura 5.18** - Interferência do corpo humano na medida de resistência.

O *ohmímetro analógico* é bem diferente do digital, tanto no procedimento quanto na leitura de uma medida.

No *ohmímetro digital*, após a escolha do valor de fundo de escala adequado, a leitura da resistência é feita diretamente no display.

No *ohmímetro analógico*, a escala graduada é invertida e não linear, iniciando com resistência infinita ($R = \infty$) na extremidade esquerda (terminais do ohmímetro abertos e ponteiro na posição de repouso) e terminando com resistência nula ($R = 0$) na extremidade direita (terminais do ohmímetro em curto e ponteiro com máxima deflexão), como visto na Figura 5.19.

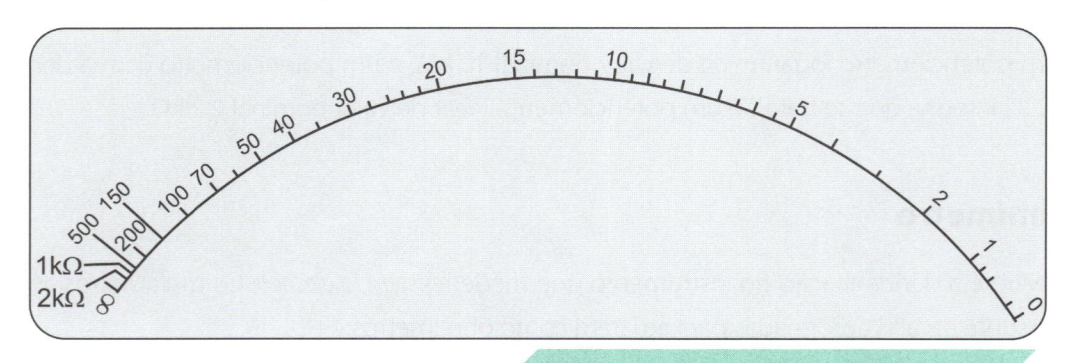

Figura 5.19 - Escala do ohmímetro analógico.

O procedimento para a realização de medida resistência com o ohmímetro analógico é:

1. Escolha a escala desejada, um múltiplo dos valores da escala graduada: x1, x10, x100, x1k, x10k ou x100k.
2. Curto-circuite os terminais do ohmímetro, provocando a deflexão total do ponteiro.
3. Ajuste o potenciômetro de ajuste de zero até que o ponteiro indique $R = 0$.

4. Abra os terminais e meça a resistência.
5. A leitura é feita multiplicando o valor indicado pelo ponteiro pelo múltiplo da escala selecionada.

FIQUE DE OLHO!

- Por causa da não linearidade da escala, as leituras mais precisas no ohmímetro analógico são feitas na região central da escala graduada.
- No procedimento de ajuste de zero (item 3), se o ponteiro não atingir o ponto zero, significa que a bateria do multímetro está fraca, devendo ser substituída.
- O procedimento de ajuste de zero deve ser repetido a cada mudança de escala.

VAMOS RECAPITULAR?

Iniciamos este capítulo estudando o conceito de resistência elétrica e, em seguida, analisamos a relação entre ela e as grandezas tensão e corrente, relação essa que é denominada primeira lei de Ohm e é uma das mais importantes da eletricidade.

Depois, apresentamos os diversos tipos comerciais de resistências ôhmicas e não ôhmicas, fixas e variáveis, de modo a facilitar a aplicação prática dos conhecimentos desenvolvidos.

Por fim, vimos as características e os modos de utilização do instrumento de medida de resistência elétrica, denominado ohmímetro.

AGORA É COM VOCÊ!

1. A partir dos dados fornecidos, determine a grandeza desconhecida usando a primeira lei de Ohm:

   a) $R = 680\ \Omega$; $V = 24\ V$; $I = ?$

   b) $R = 39\ k\Omega$; $I = 500\ mA$; $V = ?$

   c) $V = 18,3\ V$; $I = 122\ \mu A$; $R = ?$

   d) $V = 250\ V$; $R = 2,7\ M\Omega$; $I = ?$

   e) $I = 300\ mA$; $R = 4,7\ k\Omega$; $V = ?$

   f) $I = 25\ \mu A$; $V = 600\ mV$; $R = ?$

2. Em um experimento, levantou-se a curva característica $V_R = f(I_R)$ de uma resistência, conforme mostram as figuras seguintes:

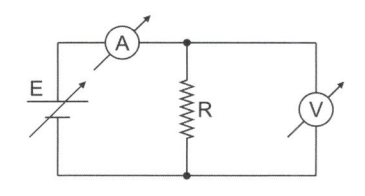

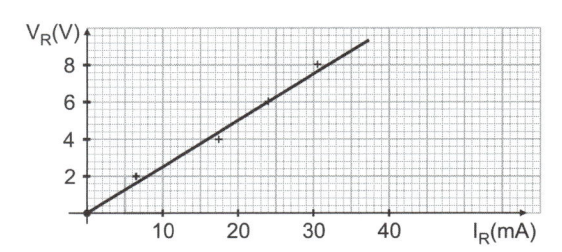

Figura 5.20 - Circuito do experimento.

Determine graficamente um valor de tensão ΔV_R e a corrente ΔI_R correspondente e determine a resistência experimental $R_{(exp.)}$ pela fórmula:

$$R_{(exp.)} = \frac{\Delta V_R}{\Delta I_R}$$

3. Determine a faixa de valores reais ($R_m \leq R \leq R_M$) prevista pelo fabricante para os seguintes resistores:

   a) 22 kΩ ± 5%

   b) 562 kΩ ± 2%

   c) 4,7 Ω ± 10%

   d) 825 Ω ± 1%

4. Determine o valor nominal e a tolerância dos seguintes resistores:

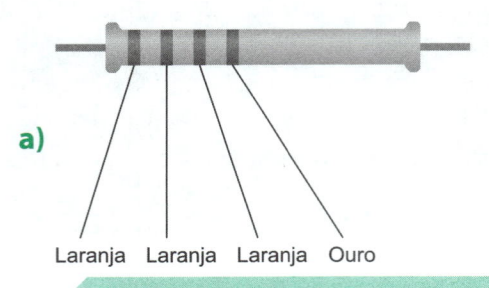

a) Laranja Laranja Laranja Ouro

Figura 5.21 - Resistor com quatro anéis.

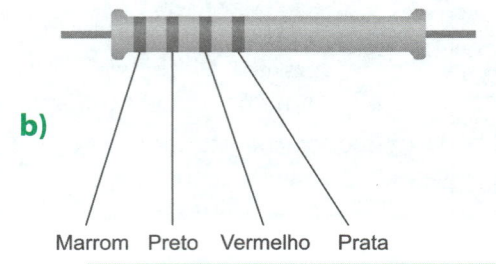

b) Marrom Preto Vermelho Prata

Figura 5.22 - Resistor com quatro anéis.

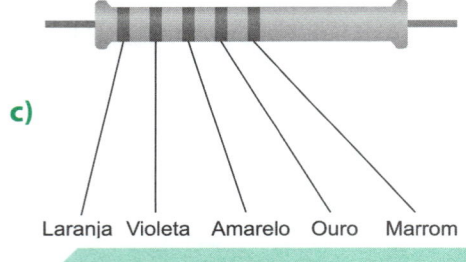

c) Laranja Violeta Amarelo Ouro Marrom

Figura 5.23 - Resistor com cinco anéis.

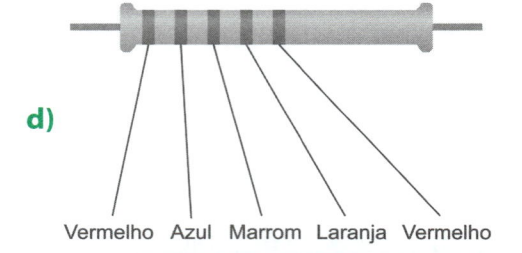

d) Vermelho Azul Marrom Laranja Vermelho

Figura 5.24 - Resistor com cinco anéis.

5. Descreva as cores dos anéis dos seguintes resistores:

   a) 3,3 kΩ ± 5%

   b) 470 Ω ± 10%

   c) 86,6 kΩ ± 1%

   d) 5,11 Ω ± 2%

   e) 10 Ω ± 5%

   f) 0,82 Ω ± 5%

   g) 34,8 kΩ ± 0,5%

6. Deseja-se que a fonte de alimentação abaixo forneça uma corrente de 18 mA ao resistor de carga R_L. Quais são o valor comercial e a tolerância desse resistor de carga para que a corrente seja a mais próxima possível do valor desejado?

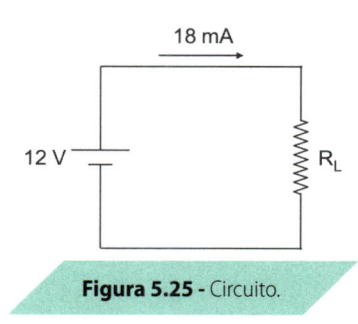

Figura 5.25 - Circuito.

7. Determine as cores dos resistores do circuito a seguir, sabendo que R_1 é de 5% e R_2 é de 1%, e os instrumentos de medidas estão registrando os valores indicados:

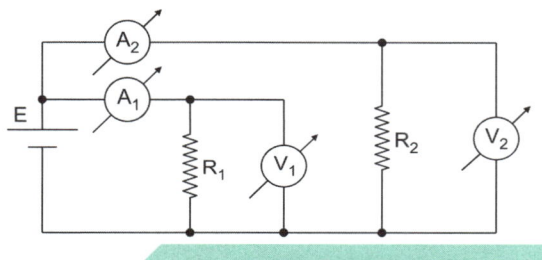

Figura 5.26 - Circuito experimental.

Amperímetros:

$A_1 = 1{,}42$ mA

$A_2 = 33{,}63$ mA

Voltímetros:

$V_1 = 12$ V

$V_2 = 12$ V

8. Analise as curvas características das resistências R_1, R_2 e R_3 apresentadas graficamente e assinale as alternativas que especificam corretamente as relações entre elas.

Gráfico 5.5 - Curvas características $V = f(I)$

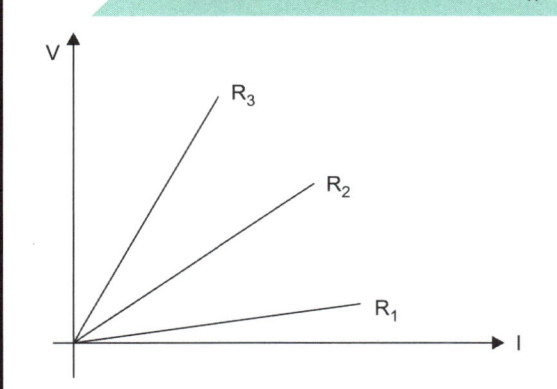

Relação entre as correntes:

a) $R_1 > R_2 > R_3$

b) $R_2 > R_1 > R_3$

c) $R_1 < R_2 > R_3$

d) $R_1 < R_2 < R_3$

e) $R_2 > R_3 > R_1$

f) $R_3 > R_1 < R_2$

g) $R_1 < R_3 > R_2$

h) $R_2 < R_1 > R_3$

9. Um resistor de 5% de tolerância com valor desconhecido foi medido por um ohmímetro digital e um analógico. No ohmímetro digital, com a escala selecionada em 20 kΩ, o valor mostrado pelo display foi 15,35 e no ohmímetro analógico, calibrado corretamente na escala selecionada, o valor mostrado pelo ponteiro foi 14,5.

   a) Qual escala foi selecionada pelo ohmímetro analógico?

   b) Qual é o provável valor nominal desse resistor?

   c) Qual escala foi selecionada pelo ohmímetro analógico?

   d) Qual é o provável valor nominal desse resistor?

   e) Quais são os erros percentuais dos valores medidos em relação ao valor nominal para ambos os ohmímetros?

   f) Qual é a provável causa para a diferença entre as medidas obtidas pelos ohmímetros digital e analógico?

6

RESISTÊNCIA ELÉTRICA E OUTRAS CARACTERÍSTICAS

PARA COMEÇAR

Estudaremos neste capítulo a segunda lei de Ohm, que analisa o comportamento da resistência elétrica em relação às suas dimensões físicas e a sua natureza resistiva.

Em seguida, veremos como se comporta a resistência em relação à temperatura.

Por fim, apresentaremos os dispositivos sensíveis à luz e à temperatura, respectivamente, o LDR e o NTC, bem como as suas principais características.

6.1 Segunda lei de Ohm

A *segunda lei de Ohm* estabelece a relação entre a resistência de um material com a sua *natureza* e suas *dimensões*.

Quanto à natureza, um material se caracteriza por sua *resistividade*, que é representada pela letra grega ρ (rô), cuja unidade de medida é *ohm·metro* [Ω · m].

Quanto às *dimensões* do material, são importantes o seu *comprimento L*, em [m], e a *área da seção transversal S*, em [m²].

A segunda lei de Ohm expressa a relação entre essas características da seguinte forma: a resistência R de um material é diretamente proporcional à sua resistividade ρ e ao seu comprimento L, e inversamente proporcional à área de sua seção transversal S.

Matematicamente: $R = \dfrac{\rho \cdot L}{S}$

A Figura 6.1 mostra, esquematicamente, a relação entre as dimensões do material e a sua resistência.

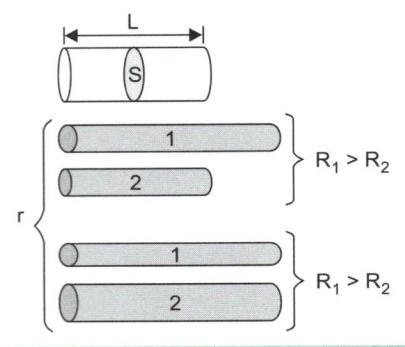

Figura 6.1 - Relação entre dimensões e resistência.

FIQUE DE OLHO!

A área S da seção transversal circular de um condutor elétrico, caso não seja conhecida, pode ser determinada a partir do seu diâmetro d pela fórmula:

$$S = \pi \cdot \left(\frac{d}{2}\right)^2$$

No caso das resistências variáveis, como o potenciômetro rotativo, a resistência entre o terminal central e uma das extremidades depende do comprimento do material resistivo interno, que é proporcional ao ângulo de giro da haste, como vemos na Figura 6.2.

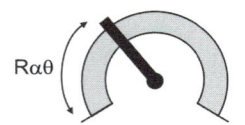

Figura 6.2 - Segunda lei de Ohm aplicada ao potenciômetro.

A Tabela 6.1 apresenta a resistividade média ρ de diferentes materiais à temperatura de 20 °C.

Tabela 6.1 - Resistividade média de materiais

Classificação	Material – (T = 20 °C)	Resistividade – ρ [Ω · m]
Metal	Prata	$1,6 \cdot 10^{-8}$
	Cobre	$1,7 \cdot 10^{-8}$
	Alumínio	$2,8 \cdot 10^{-8}$
	Tungstênio	$5,0 \cdot 10^{-8}$

Classificação	Material – (T = 20 °C)	Resistividade – ρ [Ω · m]
Liga	Latão	$8,6 \cdot 10^{-8}$
	Constantã	$50 \cdot 10^{-8}$
	Níquel-cromo	$110 \cdot 10^{-8}$
Carbono	Grafite	4000 a $8000 \cdot 10^{-8}$
Isolante	Água pura	$2,5 \cdot 10^{3}$
	Vidro	10^{10} a 10^{13}
	Porcelana	$3,0 \cdot 10^{12}$
	Mica	10^{13} a 10^{15}
	Baquelite	$2,0 \cdot 10^{14}$
	Borracha	10^{15} a 10^{16}
	Âmbar	10^{16} a 10^{17}

Os fios de cobre e alumínio, embora sejam bons condutores, passam a ter uma resistência considerável para grandes distâncias. Por isso, a segunda lei de Ohm é particularmente importante no cálculo da resistência das linhas de transmissão de energia elétrica, linhas telefônicas e linhas de comunicação de dados.

EXERCÍCIO RESOLVIDO

1. Determine a resistência de um fio de cobre de 4 mm de diâmetro e comprimento de 10 km.

Solução

Área da seção transversal:

$$S = \pi \cdot \left(\frac{d}{2}\right)^2 = \pi \cdot \left(\frac{4 \cdot 10^{-3}}{2}\right)^2 = \pi \cdot 4 \cdot 10^{-6} \Rightarrow S = 12,56 \cdot 10^{-6} \, m^2$$

Resistência elétrica:

$$R = \frac{\rho \cdot L}{S} = \frac{1,7 \cdot 10^{-8} \cdot 10 \cdot 10^{3}}{12,56 \cdot 10^{-6}} = \frac{17 \cdot 10^{-5}}{12,56 \cdot 10^{-6}} \Rightarrow R = 13,54 \, \Omega$$

6.2 Relação entre resistência e temperatura

A resistividade dos materiais depende da *temperatura*. Assim, outra característica dos materiais é o *coeficiente de temperatura*, que mostra de que forma a resistividade e, consequentemente, a resistência, variam com a temperatura.

O *coeficiente de temperatura* de um material é simbolizado pela letra grega α (alfa), cuja unidade de medida é [°C^{-1}].

As expressões para calcular a variação da resistividade e da resistência com a temperatura são as seguintes:

$$\rho = \rho_0 \cdot (1 + \alpha \cdot \Delta T) \qquad R = R_0 \cdot (1 + \alpha \cdot \Delta T)$$

em que:
ρ = resistividade do material, em [Ω · m], à temperatura T;
R = resistência do material, em [Ω], à temperatura T;
ρ_0 = resistividade do material, em [Ω · m], a uma temperatura de referência T_0;
R_0 = resistência do material, em [Ω], a uma temperatura de referência T_0;
$\Delta T = T - T_0$ = variação da temperatura, em [°C];
α = coeficiente de temperatura do material, em [°C^{-1}].

A Tabela 6.2 apresenta o coeficiente de temperatura de diversos materiais.

Tabela 6.2 - Coeficiente de temperatura de materiais

Classificação	Material	Coeficiente – α [°C^{-1}]
Metal	Prata	0,0038
	Alumínio	0,0039
	Cobre	0,0040
	Tungstênio	0,0048
Liga	Constantã	0 (valor médio)
	Níquel-cromo	0,00017
	Latão	0,0015
Carbono	Grafite	–0,0002 a –0,0008

A aplicação dos materiais na fabricação de dispositivos elétricos está relacionada às características analisadas neste capítulo. A Tabela 6.3 apresenta algumas aplicações de diversos materiais em função de suas características.

Tabela 6.3 - Aplicação de materiais na fabricação de dispositivos elétricos

Material	Característica	Aplicações
Cobre	Baixa resistividade Alta flexibilidade	Fabricação de condutores e cabos elétricos.
Tungstênio	Baixa resistividade Alta temperatura de fusão	Fabricação de filamentos para lâmpadas incandescentes.
Carbono	Alta resistividade Baixo coeficiente de temperatura	Fabricação de resistores de baixa e média potências.

Material	Característica	Aplicações
Constantã	Média resistividade Coeficiente de temperatura nulo	Fabricação de resistores de baixa e média potências.
Mica	Alta resistividade Baixa resistência térmica	Revestimento de resistências de aquecimento.
Plástico e borracha	Alta resistividade Alta flexibilidade	Revestimento de fios, cabos elétricos e ferramentas.
Baquelite	Alta resistividade Baixa flexibilidade	Revestimento de dispositivos de controle e proteção, como chaves e disjuntores.

EXERCÍCIO RESOLVIDO

2. A resistência de uma lâmpada com filamento de tungstênio vale 8 Ω à temperatura de 20 °C. Sabendo-se que em operação a sua temperatura atinge 1200 °C, determine a sua resistência nessa condição.

Solução

$$R = R_0 \cdot (1 + \alpha \cdot \Delta T) = 8 \cdot [1 + 0{,}0048 \cdot (1200 - 20)] \Rightarrow$$

$$R = 8 \cdot [1 + 0{,}0048 \cdot 1180] = 8 \cdot 6{,}664 \Rightarrow R = 53{,}3 \ \Omega$$

6.3 Dispositivos resistivos sensíveis à luz e à temperatura

6.3.1 LDR

O LDR (*Light Dependent Resistor* ou Resistor Dependente da Luz) é um dispositivo semicondutor feito à base de sulfeto de cádmio, o que o torna extremamente sensível às radiações luminosas.

A Figura 6.3(a) mostra o símbolo do LDR e, na Figura 6.3(b), é apresentado o aspecto físico de um LDR comercial.

(a) Símbolo

(b) Aspecto físico

Figura 6.3 - LDR.

A resistência, em ohms, é inversamente proporcional à intensidade da luz, em lux, conforme mostra a sua curva característica (Gráfico 6.1).

Gráfico 6.2 - Curva característica de um NTC

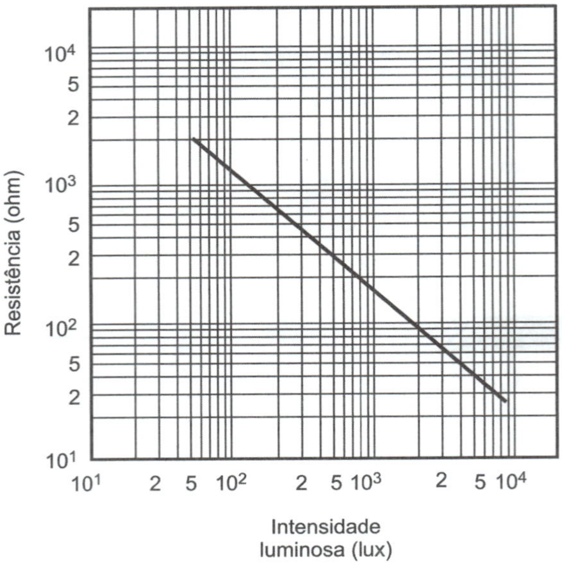

Como a faixa de abrangência tanto da resistência quanto da intensidade da luz é muito grande, graficamente elas são representadas de forma logarítmica.

Assim, quanto maior a luminosidade incidente na área sensível do LDR, menor é a sua resistência, que pode variar entre centenas de ohms (luminosidade intensa) e centenas de quilo-ohms (escuro).

A variação da resistência do LDR em função da variação da intensidade luminosa não é instantânea e não ocorre de modo igual para variações bruscas de claro e escuro. Por exemplo, a redução da resistência do LDR, quando ele sai da condição de ausência de luz para a condição de incidência forte de luz, é muito rápida. Já o aumento da sua resistência quando ele sai da condição de incidência forte de luz para o escuro total é mais lenta, aproximadamente 200 kΩ/s.

O LDR tem grande aplicação em sistemas que utilizam sensores luminosos, como alarmes, sistemas de controle, contadores, fotômetros etc.

6.3.2 NTC

O NTC (*Negative Temperature Coefficient Resistor* ou Resistor com Coeficiente Negativo de Temperatura) é um termistor, ou seja, um dispositivo semicondutor muito sensível à temperatura. Ele é utilizado em sistemas que necessitam de sensores de temperatura, como alarmes, sistemas de controle, termômetros etc.

Por ter coeficiente de temperatura negativo, a sua resistência decresce com o aumento da temperatura, a uma taxa de aproximadamente 3% a 6%/ºC.

A Figura 6.4(a) mostra o símbolo do NTC e a Figura 6.4(b) apresenta o aspecto físico de um tipo de NTC comercial.

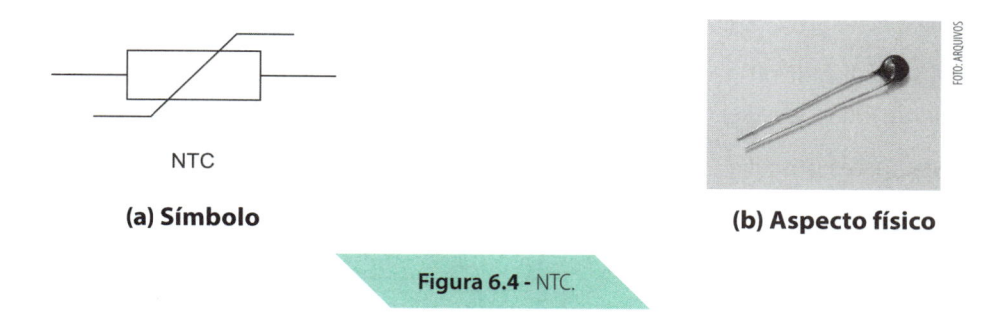

(a) Símbolo

NTC

(b) Aspecto físico

Figura 6.4 - NTC.

O Gráfico 6.2 mostra a curva característica de um NTC.

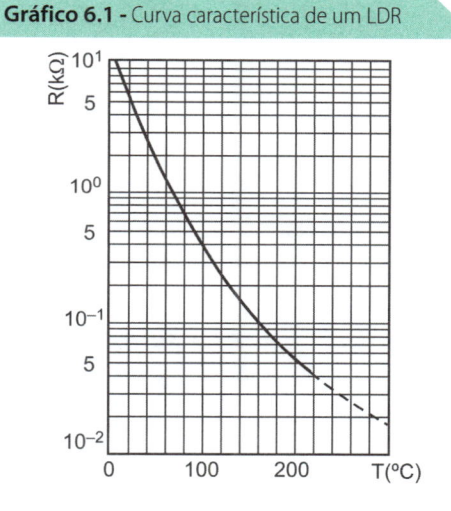

Gráfico 6.1 - Curva característica de um LDR

Nessa curva, a faixa de abrangência da resistência é muito grande, de modo que graficamente ela é representada de forma logarítmica.

VAMOS RECAPITULAR?

Estudamos neste capítulo a segunda lei de Ohm, que relaciona a resistência elétrica às suas dimensões físicas e à sua natureza, sendo este conceito útil principalmente em projetos de instalação de equipamentos distantes da fonte geradora de tensão. Em seguida, vimos como a resistência elétrica se comporta em relação à temperatura.

Por fim, apresentamos os dispositivos sensíveis à luz e à temperatura, respectivamente, o LDR e o NTC, bem como as suas principais características, pois tais dispositivos são importantes particularmente para o projeto de sensores eletrônicos.

AGORA É COM VOCÊ!

1. Compare a resistência de dois condutores, sendo um de seção igual a 1,5 mm² e outro de seção igual a 6 mm², ambos com 200 m de comprimento.

2. Deseja-se montar um resistor de precisão de 2,43 Ω com um fio de níquel-cromo de 1 mm de diâmetro. Qual deve ser o seu comprimento?

3. A peça abaixo possui as seguintes especificações:

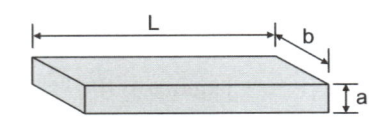

Figura 6.5 - Material resistivo.

R = 1,5 Ω (medida com um ohmímetro)

L = 20 cm

a = 2 mm

b = 4 mm

Indique o provável material usado na confecção da peça por meio de sua resistividade.

4. Considere o reostato abaixo e os dados seguintes:

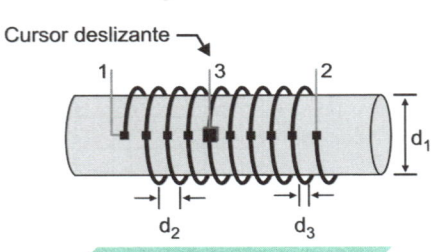

Figura 6.6 - Reostatos.

$\rho = 150 \cdot 10^{-8}$ Ω.m

d_1 = 8 cm

d_2 = 1 mm

d_3 = 0,5 mm

nº de espiras = 50

Determine:

a) A resistência de cada espira do reostato.

b) A resistência total R_{12} do reostato.

c) A resistência R_{13}, estando o cursor no ponto médio do reostato.

5. A resistência de um aquecedor é feita com fio de níquel-cromo e vale 12 Ω à temperatura de 20 ºC. Sabe-se que quando o aquecedor está ligado em 127 V a sua resistência muda para 14 Ω. Determine a temperatura da resistência durante a sua operação.

6. Há duas resistências $R_1 = R_2 = 100$ Ω à temperatura de 20 ºC. Sabendo que R_1 é de grafite, com $r_0 = 5000 \cdot 10^{-8}$ Ω · m e $\alpha = -0,0004$ ºC^{-1}, e R_2 é de níquel-cromo, com $\rho_0 = 110 \cdot 10^{-8}$ Ω · m e $\alpha = 0,00017$ ºC^{-1}, determine:

a) A resistência R'_1 à temperatura de 100 ºC.

b) A resistência R'_2 à temperatura de 100 ºC.

7. Considere a curva característica do LDR e o circuito dados a seguir:

Gráfico 6.3 - Curva característica do LDR

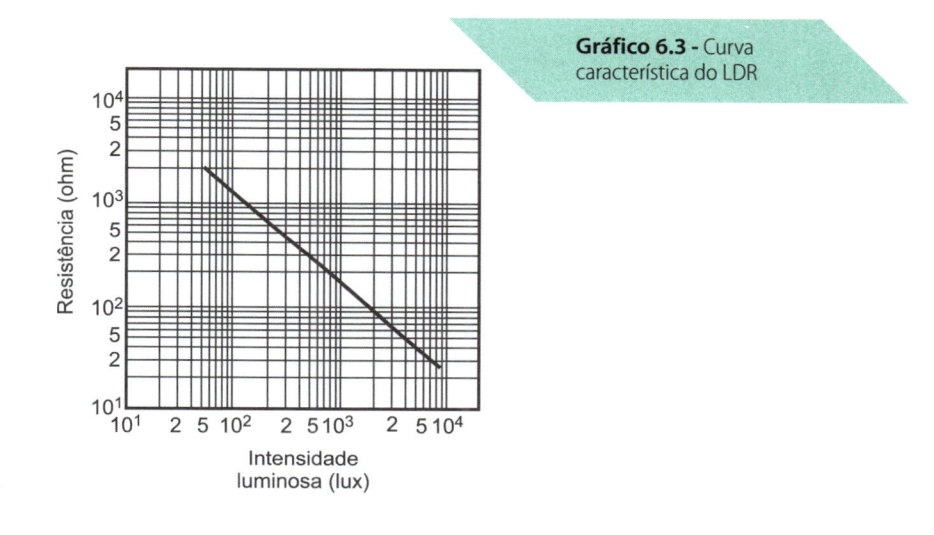

Figura 6.7 - Circuito com LDR.

Determine as correntes I_1 e I_2 no circuito quando as intensidades luminosas no LDR forem, respectivamente, iguais a 150 lux (ambiente escuro) e 5000 lux (ambiente claro).

8. Considere a curva característica do NTC e o circuito dados a seguir:

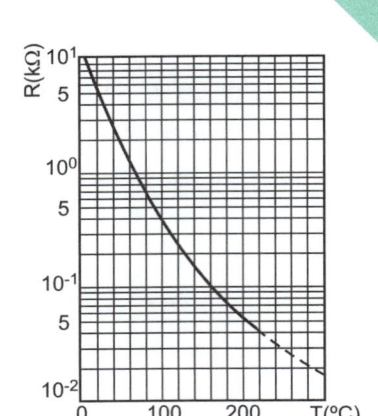

Gráfico 6.4 - Curva característica do NTC

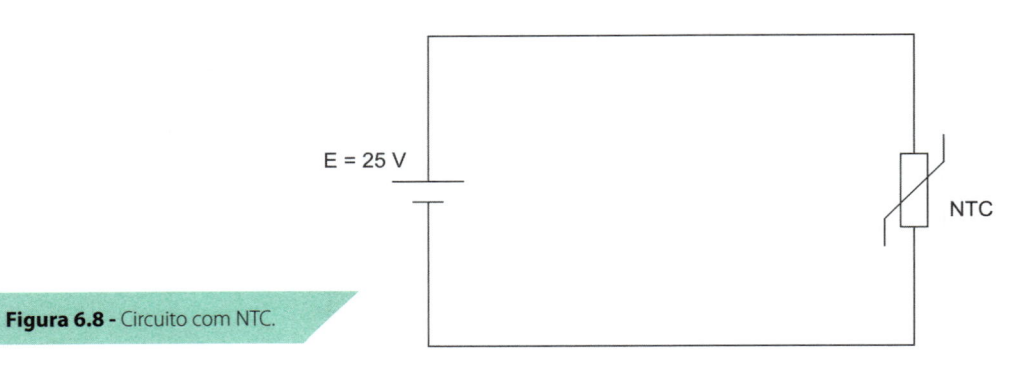

Figura 6.8 - Circuito com NTC.

Determine:

a) A corrente no circuito à temperatura de 20 °C.

b) A temperatura necessária para que a corrente no circuito atinja 500 mA.

7

POTÊNCIA E ENERGIA ELÉTRICAS

PARA COMEÇAR

Inicialmente, apresentaremos o conceito de potência elétrica e as relações entre potência, tensão, corrente e resistência. Em seguida, apresentaremos o instrumento usado para medida de potência, denominado wattímetro, bem como o modo de ligá-lo ao circuito para a realização de medidas.

Por fim, abordaremos o conceito de energia elétrica focado no modo como ele é usado para dimensionar o seu consumo em instalações elétricas residenciais ou industriais.

7.1 Potência elétrica

7.1.1 Conceito de potência elétrica

A *potência elétrica* P, em *watt [W]*, é o produto entre a tensão e a corrente fornecidas por uma fonte de alimentação ou aplicadas a um dispositivo. Matematicamente:

- Potência produzida por uma fonte de alimentação: $P = E \cdot I$
- Potência consumida por um dispositivo: $P = V \cdot I$

Observe que as duas fórmulas são iguais, exceto os símbolos de tensão E e V adotados para representar, respectivamente, a tensão da fonte de alimentação e a tensão em um dispositivo.

Essas fórmulas são significativas no sentido em que elas expressam, por exemplo, que duas fontes de alimentação com a mesma tensão E podem fornecer potências diferentes aos circuitos que elas alimentam, ou seja, a fonte que fornece mais corrente, consequentemente, fornece maior potência ao circuito.

Do mesmo modo, o circuito que consome mais corrente é aquele que opera com maior potência.

AMPLIE SEUS CONHECIMENTOS

JAMES WATT

O matemático e engenheiro escocês James Watt, quando ainda era aprendiz de fabricante de ferramentas, interessou-se pelas descobertas no campo da eletricidade.

Quando se tornou fabricante de peças e de instrumentos de matemática na Universidade de Glasgow, criou uma máquina a vapor muito mais rápida e econômica, permitindo a mecanização das indústrias em grande escala.

A unidade de medida de potência elétrica chama-se watt em sua homenagem.

Para saber mais, visite o site: <www.algosobre.com.br/biografias/james-watt.html>. Acesso em: 5 mar. 2018.

Figura 7.1 - James Watt (1736-1819).

Analisemos agora uma fonte de tensão alimentando uma carga resistiva R, conforme apresentado na Figura 7.2.

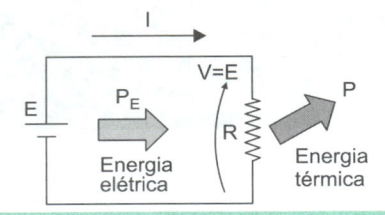

Figura 7.2 - Fonte de tensão alimentando uma resistência R.

A fonte E fornece ao resistor uma corrente I e, portanto, uma potência que denominaremos P_E. Tal potência é determinada por $P_E = E \cdot I$.

No resistor, a tensão é a mesma da fonte, isto é, V = E. Assim, a potência dissipada pelo resistor é dada por $P = V \cdot I$. Isso significa que toda a potência da fonte foi dissipada (ou absorvida) pelo resistor, pois $P_E = P$.

De fato, o que está ocorrendo é que em todo instante a energia elétrica fornecida pela fonte está sendo transformada pela resistência em energia térmica (calor) por efeito Joule.

No resistor, a potência dissipada em função de R pode ser calculada pelas fórmulas:

$$P = V \cdot I = \underbrace{R \cdot I}_{V} \cdot I \Rightarrow P = R \cdot I^2 \quad \text{ou} \quad P = V \cdot I = V \cdot \underbrace{\frac{V}{R}}_{I} \Rightarrow P = \frac{V^2}{R}$$

AMPLIE SEUS CONHECIMENTOS

JAMES PRESCOTT JOULE

Físico inglês, Joule estudou a energia térmica desenvolvida por processos elétricos e mecânicos.

No caso dos processos elétricos, demonstrou que a quantidade de calor desenvolvida em um condutor é proporcional à corrente elétrica e ao tempo.

Uma das unidades de medida de energia é joule, assim batizada em sua homenagem.

Visite o site: <www.explicatorium.com/biografias/james-joule.html>. Acesso em: 5 mar. 2018.

Figura 7.3 - James Joule (1818-1889).

7.1.2 Wattímetro

O *wattímetro* é o instrumento utilizado para a medida de *potência*. Internamente, ele é composto de um amperímetro e de um voltímetro, apresentando no display o resultado do produto entre a tensão e a corrente medidas.

Os terminais do amperímetro devem ser conectados em série e os do voltímetro em paralelo com o dispositivo, conforme mostra a Figura 7.4.

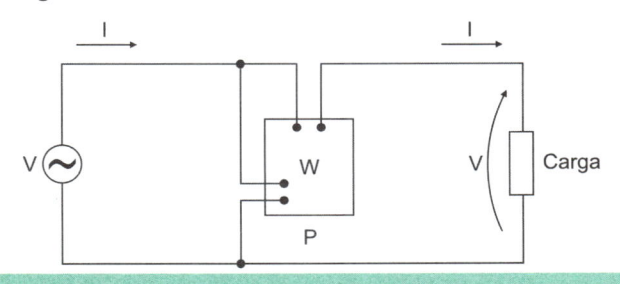

Figura 7.4 - Wattímetro medindo a potência consumida por uma carga.

A Figura 7.5 mostra um wattímetro digital de uso industrial.

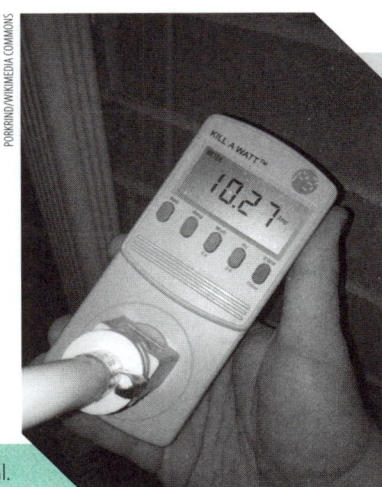

Figura 7.5 - Wattímetro industrial.

Atualmente, utiliza-se também para a medida de potência o alicate wattímetro, pelo fato de não necessitar abrir o circuito para conectar os terminais do amperímetro.

EXERCÍCIOS RESOLVIDOS

1. No circuito da lanterna apresentado no Capítulo 2, a lâmpada está especificada para uma potência de 1,2 W quando alimentada por uma tensão de 6,0 V (Figura 7.6).

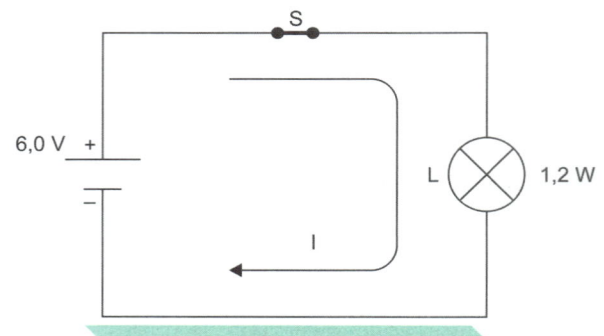

Figura 7.6 - Circuito da lanterna.

Determine:

a) A corrente consumida pela lâmpada.

Solução

$$P = V \cdot I \Rightarrow I = \frac{P}{V} = \frac{1,2}{6,0} \Rightarrow I = 0,2\,A$$

b) A resistência da lâmpada nessa condição de operação.

Solução

$$P = \frac{V^2}{R} \Rightarrow R = \frac{V^2}{P} = \frac{6,0^2}{1,2} = \frac{36,0}{1,2} \Rightarrow R = 30,0\,\Omega$$

2. O resistor apresentado na Figura 7.7 possui as seguintes especificações: 1 kΩ – ½ W.

Figura 7.7 - Resistor.

Determine:

a) A corrente $I_{máx}$ e a tensão $V_{máx}$ que ele pode suportar.

Solução

$$P_{máx} = R \cdot I_{máx}^2 \Rightarrow I_{máx}^2 = \frac{P_{máx}}{R} = \sqrt{\frac{P_{máx}}{R}} = \sqrt{\frac{0,5}{1000}} \Rightarrow I_{máx} = 22,36 \text{ mA}$$

$$P_{máx} = \frac{V_{máx}^2}{R} \Rightarrow V_{máx}^2 = P_{máx} \cdot R = \sqrt{P_{máx} \cdot R} = \sqrt{0,5 \cdot 1000} \Rightarrow V_{máx} = 22,36 \text{ V}$$

b) A potência P' que ele dissiparia caso a tensão aplicada V' fosse metade de $V_{máx}$.

Solução

$$P' = \frac{\left(\frac{V_{máx}}{2}\right)^2}{R} = \frac{\left(\frac{22,36}{2}\right)^2}{1000} = \frac{(11,18)^2}{1000} \Rightarrow P' = 0,125 \text{ W}$$

Conclusão

Se a tensão cai pela metade, a potência passa a ser quatro vezes menor, o que pode ser comprovado pela relação: $P'/P_{máx} = 0,125/0,5 = 1/4$.

7.2 Energia elétrica

7.2.1 Conceito de energia elétrica

A *energia elétrica* τ desenvolvida em um circuito é o produto da potência pelo tempo de consumo, isto é:

$$\tau = P \cdot \Delta t$$

Embora a unidade de medida de energia seja dada normalmente em *joule* [J], em eletricidade é preferível que ela seja dada em *watt × segundo* [Ws].

A fórmula é utilizada para calcular a energia elétrica consumida por circuitos eletrônicos, equipamentos eletrodomésticos, lâmpadas e máquinas elétricas.

No caso de residência, comércio e indústria, assim como para máquinas e eletrodomésticos, a unidade de medida de consumo de energia elétrica é o *quilowatt × hora [kWh]*, pois ela é mais adequada à sua ordem de grandeza.

Para usinas geradoras de energia elétrica, como hidrelétrica, termoelétrica e nuclear, a unidade de medida utilizada é o *megawatt × hora [MWh]*.

7.2.2 Medidor de energia elétrica

No quadro de distribuição de energia elétrica de uma residência, prédio ou indústria, existe um *medidor de energia elétrica* que indica constantemente a quantidade de energia que está sendo consumida, conforme se vê na Figura 7.8.

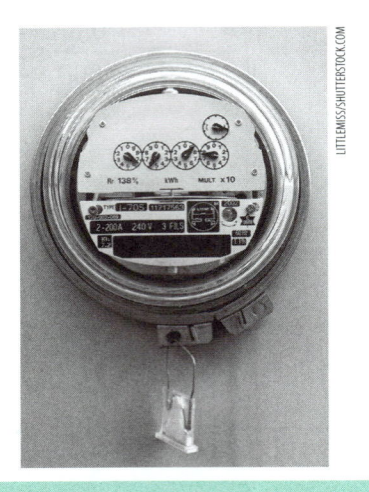

Figura 7.8 - Medidor de energia elétrica.

Mensalmente, a empresa concessionária faz a leitura da energia elétrica consumida, calculando a tarifa correspondente a ser paga pelo usuário.

EXERCÍCIO RESOLVIDO

3. Uma lâmpada residencial tem a especificação seguinte: 127 V/100 W. Determine:

a) A energia elétrica consumida mensalmente (30 dias) por essa lâmpada, sabendo que ela fica ligada 12 horas por dia.

Solução

Tempo de utilização: $\Delta t = 12 \text{ horas} \cdot 30 \text{ dias} = 12 \cdot 30 \Rightarrow \Delta t = 360 \text{ h}$

Energia consumida: $\tau = P \cdot \Delta t = 100 \cdot 360 = 36000 \Rightarrow \tau = 36 \text{ kWh}$

b) O custo desse consumo, supondo que a concessionária de energia elétrica cobre a tarifa de R$ 0,40 por kWh.

Solução

Custo do consumo: $C = \tau \cdot 0,40 = 36 \cdot 0,40 \Rightarrow C = R\$ \ 14,40$

FIQUE DE OLHO!

No valor final da conta de energia elétrica, há outros valores como impostos e taxas que dependem do estado federativo e da concessionária.

VAMOS RECAPITULAR?

Neste capítulo estudamos o que é potência elétrica e suas relações com tensão, corrente e resistência. Também entendemos a importância do wattímetro e o conceito de energia elétrica.

AGORA É COM VOCÊ!

1. Considere os dois resistores seguintes:

   Resistor I – 100 Ω · 1/4 W

   Resistor II – 100 Ω · 5 W

   Quais são as tensões e correntes máximas que podem ser aplicadas nesses resistores?

2. Determine a potência dissipada pelos resistores abaixo:

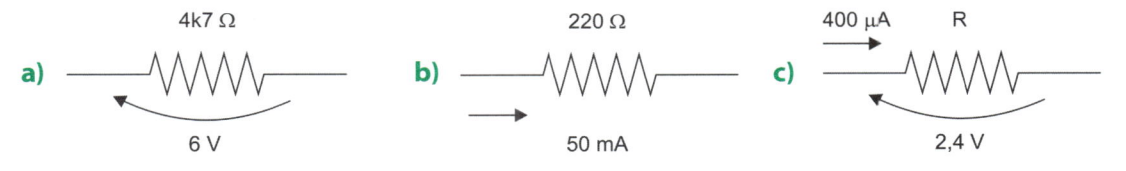

   a) 4k7 Ω, 6 V

   b) 220 Ω, 50 mA

   c) 400 µA, R, 2,4 V

   Figura 7.9 - Potência dissipada por resistores.

3. Por um resistor de 15 kΩ passa uma corrente I_1 = 400 µA. Após um tempo, a corrente passa para I_2 = 800 µA.

   a) Determine as potências P_1 e P_2 dissipadas pelo resistor nas duas condições de corrente.

   b) Analise os resultados obtidos no item a.

4. A turbina de uma usina hidrelétrica com capacidade de 500 MWh abastece uma região com tensão de 127 V. Quantas lâmpadas incandescentes de 100 W/127 V essa turbina pode alimentar simultaneamente?

5. Um chuveiro de 220 V possui um seletor com três indicações de temperatura: quente, morna e fria. O fabricante informa que o equipamento opera com potência máxima de 6500 W. Com um multímetro, mediu-se a resistência do chuveiro com o seletor na posição de temperatura morna, obtendo-se 12 Ω. Determine:

   a) A resistência do chuveiro com o seletor na posição de temperatura quente.

   b) A potência de operação do chuveiro na posição de temperatura morna.

6. Um chuveiro com potência de 5400 W, usado por 15 minutos, equivale ao consumo de quantas lâmpadas fluorescentes compactas de 15 W usadas por 4 horas?

7. Pesquise sobre o valor do kWh cobrado pela concessionária da região onde você mora, assim como os impostos e taxas que compõem o valor final da conta de energia elétrica.

8. Pesquise sobre o consumo de energia elétrica, em kWh, de três diferentes eletrodomésticos de sua residência.

8

FUNDAMENTOS DE ANÁLISE DE CIRCUITOS

PARA COMEÇAR

Neste capítulo veremos as definições de nó, ramo e malha, que são os elementos básicos de um circuito elétrico. Em seguida, apresentaremos as leis de Kirchhoff aplicadas aos circuitos elétricos.

Por fim, analisaremos os diversos tipos de ligação dos resistores em circuitos, ou seja, as associações série, paralela e mista e as configurações estrela e triângulo.

8.1 Elementos de um circuito elétrico

Um circuito elétrico genérico é composto por *nós*, *ramos* e *malhas*.

8.1.1 Nó

Denomina-se *nó* o ponto de um circuito elétrico no qual há a conexão de três ou mais dispositivos. No nó sempre há divisão da corrente elétrica, como mostra a Figura 8.1.

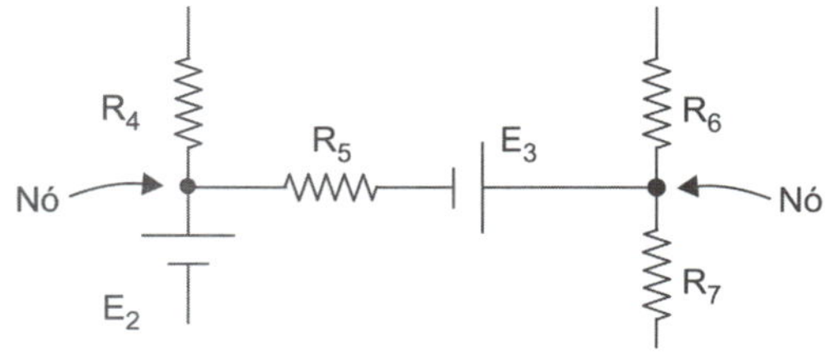

Figura 8.1 - Nó.

8.1.2 Ramo

Denomina-se *ramo* a parte de um circuito elétrico composta por um ou mais dispositivos ligados em série entre dois nós. No ramo só há uma corrente elétrica, como se vê na Figura 8.2.

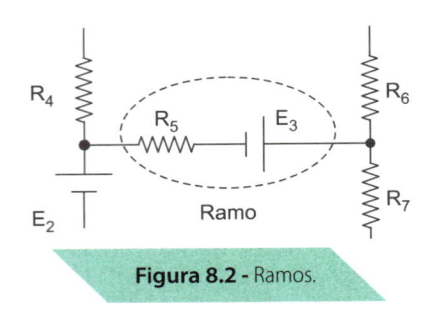

Figura 8.2 - Ramos.

8.1.3 Malha

Denomina-se *malha* a parte de um circuito elétrico cujos ramos formam um caminho fechado para a corrente (Figura 8.3).

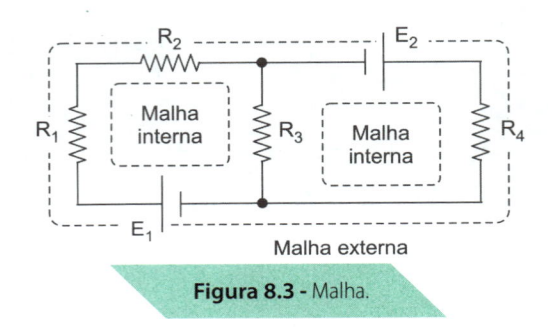

Figura 8.3 - Malha.

8.2 Leis de Kirchhoff

A compreensão e a análise de um circuito dependem das duas leis básicas da eletricidade denominadas *leis de Kirchhoff*.

8.2.1 Lei dos nós

A *lei dos nós* é também denominada *lei de Kirchhoff para correntes*. Definindo arbitrariamente as correntes que chegam ao nó como positivas e as que dele saem como negativas, essa lei pode ser enunciada de dois modos equivalentes: *a soma algébrica das correntes em um nó é zero*. Ou: *a soma das correntes que chegam a um nó é igual à soma das correntes que dele saem*.

A Figura 8.4 mostra o nó de um circuito elétrico com as correntes I_1 e I_2 chegando nele e as correntes I_3 e I_4 saindo dele, de modo que podemos obter duas equações equivalentes a partir da lei de Kirchhoff:

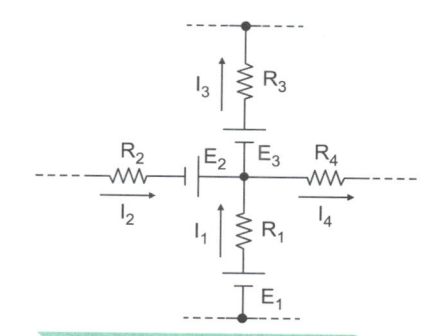

Figura 8.4 - Lei dos nós.

- De acordo com o primeiro enunciado: $I_1 + I_2 - I_3 - I_4 = 0$
- De acordo com o segundo enunciado: $I_1 + I_2 = I_3 + I_4$

Observe que as expressões obtidas a partir dos dois enunciados são equivalentes.

EXERCÍCIO RESOLVIDO

1. Considere o circuito abaixo em que são conhecidos os sentidos de todas as correntes, mas não os seus valores, exceto os de I_1, I_2 e I_4. Determine o valor das demais correntes:

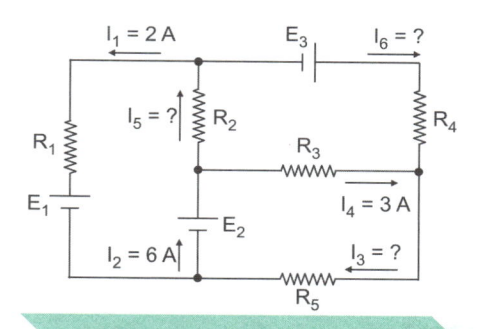

Figura 8.5 - Circuito com seis ramos.

Solução

Analisando o nó A:

$$I_1 + I_3 = I_2 \Rightarrow 2 + I_3 = 6 \Rightarrow I_3 = 6 - 2 \Rightarrow I_3 = 4\,A$$

Analisando o nó B:

$$I_2 = I_4 + I_5 \Rightarrow 6 = 3 + I_5 \Rightarrow I_5 = 6 - 3 \Rightarrow I_5 = 3\,A$$

Analisando o nó C:

$$I_5 = I_1 + I_6 \Rightarrow 3 = 2 + I_6 \Rightarrow I_6 = 3 - 2 \Rightarrow I_6 = 1\,A$$

8.2.2 Lei das malhas

A *lei das malhas* é também denominada *lei de Kirchhoff para tensões*. Definindo arbitrariamente um sentido de corrente em uma malha e considerando as tensões que indicam a elevação do potencial do circuito como positivas (geradores) e as tensões que indicam a queda de potencial como negativas (receptores passivos e ativos), a lei das malhas pode ser enunciada de dois modos equivalentes: *a soma algébrica das tensões em uma malha é zero*. Ou: *a soma das tensões que elevam o potencial do circuito é igual à soma das tensões que causam a queda de potencial.*

A Figura 8.6 mostra a malha de um circuito elétrico com uma corrente I no sentido horário (adotado arbitrariamente).

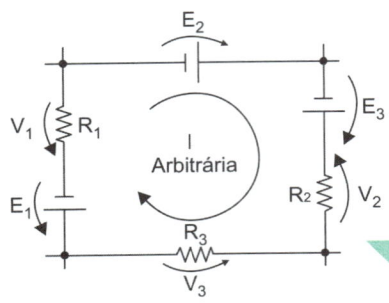

Figura 8.6 - Lei das malhas.

Nesse caso, as tensões E_2 e E_3 indicam elevação do potencial do circuito (dois geradores com setas de tensões no mesmo sentido da corrente) e as tensões V_1, V_2, V_3 e E1 indicam redução do potencial do circuito (respectivamente, três receptores passivos e um receptor ativo com setas de tensões no sentido contrário ao da corrente).

Assim, podemos obter duas equações equivalentes a partir da lei de Kirchhoff:

- De acordo com o primeiro enunciado: $\quad E_2 + E_3 - V_1 - V_2 - V_3 - E_1 = 0$
- De acordo com o segundo enunciado: $\quad E_2 + E_3 = V_1 + V_2 + V_3 + E_1$

Observe que as expressões obtidas a partir dos dois enunciados são equivalentes.

EXERCÍCIO RESOLVIDO

2. Considere o circuito a seguir, em que são conhecidas as polaridades de todas as tensões, mas não os seus valores, exceto os de E_1, E_2, V_3 e V_4. Determine o valor das demais tensões.

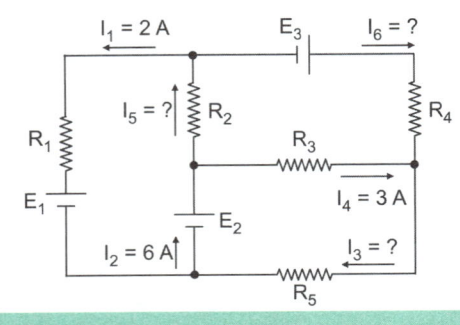

Figura 8.7 - Circuito com duas malhas internas e uma externa.

Solução

Malha com corrente arbitrária I_1:

$$V_2 + V_3 - E_2 + V_4 = 0 \Rightarrow V_2 + 5 - 20 + 8 = 0 \Rightarrow V_2 = 7\,V$$

Malha com corrente arbitrária I_2:

$$E_1 - V_2 - V_1 = 0 \Rightarrow 10 - 7 - V_1 = 0 \Rightarrow V_1 = 3\,V$$

AMPLIE SEUS CONHECIMENTOS

GUSTAV ROBERT KIRCHHOFF

Kirchhoff trabalhou em diversas universidades da Alemanha e ficou conhecido principalmente pelas leis que formulou para as áreas da eletricidade, termologia e termoquímica.

As leis de Kirchhoff para circuitos elétricos foram também denominadas leis das malhas e dos nós. Ele as formulou em 1845, enquanto ainda era estudante universitário.

Navegue pelo site: <www.infopedia.pt/$gustav-kirchhoff>. Acesso em: 9 mar. 2018.

Figura 8.8 - Gustav Kirchhoff (1824-1887).

8.3 Associação de resistores

Em um circuito elétrico, os resistores podem estar ligados de diferentes modos em função das características dos dispositivos envolvidos, da necessidade de dividir uma tensão ou uma corrente, ou de obter uma resistência com valor diferente dos valores encontrados comercialmente.

8.3.1 Associação série

Na *associação série*, os resistores estão ligados de forma que a corrente I que passa por eles seja a mesma, e a tensão total E aplicada aos resistores se subdivida entre eles proporcionalmente aos seus valores, como mostra a Figura 8.9.

Figura 8.9 - Associação série.

Pela lei das malhas, a soma das tensões nos resistores é igual à tensão total aplicada E:

- $E = V_1 + V_2 + ... + V_n$

Em que: $V_1 = R_1 \cdot I; V_2 = R_2 \cdot I; ... ; V_n = R_n \cdot I$

Substituindo as tensões na equação da malha:

$$E = R_1 \cdot I + R_2 \cdot I + ... + R_n \cdot I \Rightarrow E = I \cdot (R_1 + R_2 + ... + R_n)$$

Dividindo a tensão E pela corrente I, chega-se a:

$$\frac{E}{I} = R_1 + R_2 + ... + R_n$$

O resultado E/I corresponde à *resistência equivalente* R_{eq} da associação série, isto é, a resistência que a fonte de alimentação entende como sendo a sua carga.

Matematicamente:

$$R_{eq} = R_1 + R_2 + ... + R_n$$

Isso significa que se todos os resistores desse circuito forem substituídos por uma única resistência de valor R_{eq}, a fonte de alimentação E fornecerá a mesma corrente I ao circuito, conforme mostra a Figura 8.10.

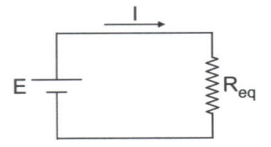

Figura 8.10 - Resistência equivalente da associação série.

Se os <u>n</u> resistores da associação série forem iguais a R, a resistência equivalente pode ser calculada por:

$$R_{eq} = n \cdot R$$

Na associação série, a potência total P_E fornecida pela fonte ao circuito é igual à soma das potências dissipadas pelos resistores ($P_1 + P_2 + ... + P_n$) e igual à potência dissipada pela resistência equivalente.

Matematicamente:

- $P_E = E \cdot I$
- $P_E = P_1 + P_2 + ... + P_n$
- $P_E = P_{eq} = R_{eq} \cdot I^2$

A Figura 8.11 mostra as potências envolvidas na associação série de resistores.

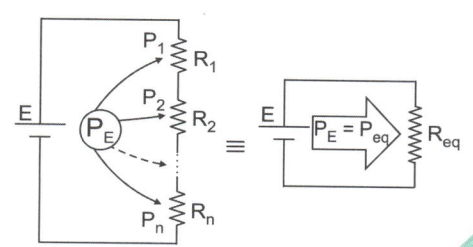

Figura 8.11 - Potências na associação série de resistores.

EXERCÍCIO RESOLVIDO

3. Considere o circuito a seguir, formado por quatro resistores ligados em série:

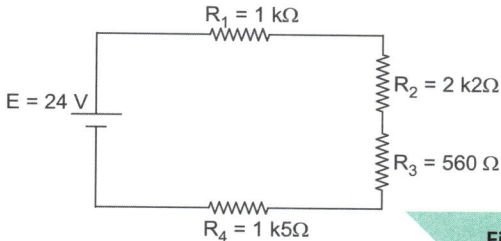

Figura 8.12 - Circuito série.

a) Determine a resistência equivalente do circuito série.

Solução

$$R_{eq} = R_1 + R_2 + R_3 + R_4 = 1000 + 2200 + 560 + 1500 = 5260 \Rightarrow R_{eq} = 5,26 \text{ k}\Omega$$

b) Determine a corrente I fornecida pela fonte E ao circuito.

Solução

$$I = \frac{E}{R_{eq}} = \frac{24}{5,26 \cdot 10^3} = 4,56 \cdot 10^3 \Rightarrow I = 4,56 \text{ mA}$$

c) Determine a queda de tensão provocada por cada resistor.

Solução

$$V_1 = R_1 \cdot I = 1 \cdot 10^3 \cdot 4,56 \cdot 10^{-3} \Rightarrow V_1 = 4,56 \text{ V}$$

$$V_2 = R_2 \cdot I = 2,2 \cdot 10^3 \cdot 4,56 \cdot 10^{-3} \Rightarrow V_2 = 10,03 \text{ V}$$

$$V_3 = R_3 \cdot I = 560 \cdot 4,56 \cdot 10^{-3} \Rightarrow V_3 = 2,55 \text{ V}$$

$$V_4 = R_4 \cdot I = 1,5 \cdot 10^3 \cdot 4,56 \cdot 10^{-3} \Rightarrow V_4 = 6,84 \text{ V}$$

Observe que no circuito série quanto maior o resistor, maior é a sua tensão.

d) Verifique a validade da lei de Kirchhoff para tensões, isto é, se $E = V_1 + V_2 + V_3 + V_4$.

Solução

$$E = V_1 + V_2 + V_3 + V_4 = 4,56 + 10,03 + 2,55 + 6,84 \Rightarrow E = 23,98 \text{ V}$$

Observe que esse valor é muito próximo da tensão E da fonte de alimentação, sendo essa pequena diferença causada por arredondamentos.

e) Determine a potência fornecida pela fonte de alimentação ao circuito.

Solução

$$P_E = E \cdot I = 24 \cdot 4,56 \cdot 10^{-3} = 109,44 \cdot 10^{-3} \Rightarrow P_E = 109,44 \text{ mW}$$

f) Determine a potência dissipada por cada resistor.

Solução

$$P_1 = V_1 \cdot I = 4,56 \cdot 4,56 \cdot 10^{-3} \Rightarrow P_1 = 20,79 \text{ mW}$$

$$P_2 = V_2 \cdot I = 10,03 \cdot 4,56 \cdot 10^{-3} \Rightarrow P_2 = 45,74 \text{ mW}$$

$$P_3 = V_3 \cdot I = 2,55 \cdot 4,56 \cdot 10^{-3} \Rightarrow P_3 = 11,63 \text{ mW}$$

$$P_4 = V_4 \cdot I = 6,84 \cdot 4,56 \cdot 10^{-3} \Rightarrow P_4 = 31,19 \text{ mW}$$

g) Mostre que $P_E = P_1 + P_2 + P_3 + P_4$

Solução

$$P_E = P_1 + P_2 + P_3 + P_4 = 20,79 + 45,74 + 11,63 + 31,19 \Rightarrow P_E = 109,35 \text{ mW}$$

Observe que esse valor é muito próximo do obtido no item e, sendo essa pequena diferença causada por arredondamentos.

8.3.2 Associação paralela

Na *associação paralela*, os resistores estão ligados de forma que a tensão total E aplicada ao circuito seja a mesma em todos os resistores, e a corrente I total do circuito se subdivida entre eles de forma inversamente proporcional aos seus valores, conforme a Figura 8.13.

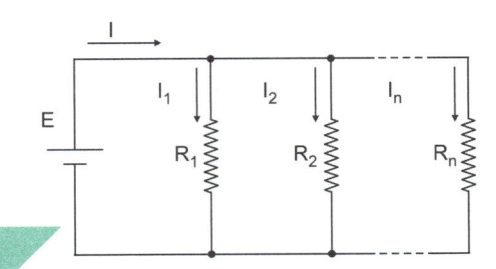

Figura 8.13 - Associação paralela.

Pela lei dos nós, a soma das correntes nos resistores é igual à corrente total I fornecida pela fonte:

▸ $I = I_1 + I_2 + ... + I_n$

Em que: $I_1 = \dfrac{E}{R_1}$; $I_2 = \dfrac{E}{R_2}$; ... ; $I_n = \dfrac{E}{R_n}$

Substituindo as correntes na equação do nó:

$$I = \dfrac{E}{R_1} + \dfrac{E}{R_2} + ... + \dfrac{E}{R_n} \Rightarrow I = E \cdot \left(\dfrac{1}{R_1} + \dfrac{1}{R_2} + ... + \dfrac{1}{R_n} \right)$$

Dividindo a corrente I pela tensão E, chega-se a:

$$\dfrac{I}{E} = \dfrac{1}{R_1} + \dfrac{1}{R_2} + ... + \dfrac{1}{R_n}$$

O resultado I/E corresponde ao *inverso da resistência equivalente* (1/R_{eq}) da associação paralela.

Matematicamente:

$$\dfrac{I}{R_{eq}} = \dfrac{1}{R_1} + \dfrac{1}{R_2} + ... + \dfrac{1}{R_n}$$

Isso significa que se todos os resistores desse circuito forem substituídos por uma única resistência de valor R_{eq}, a fonte de alimentação E fornecerá a mesma corrente I ao circuito, conforme mostra a Figura 8.14.

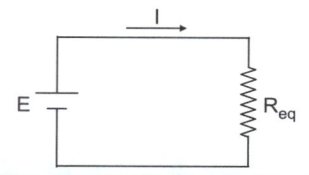

Figura 8.14 - Resistência equivalente da associação paralela.

Se os n resistores da associação paralela forem iguais a R, a resistência equivalente pode ser calculada por:

$$R_{eq} = \dfrac{R}{n}$$

No caso específico de dois resistores ligados em paralelo, a resistência equivalente pode ser calculada por uma equação mais simples:

$$\dfrac{1}{R_{eq}} = \dfrac{1}{R_1} + \dfrac{1}{R_2} = \dfrac{R_2 + R_1}{R_1 \cdot R_2} \Rightarrow R_{eq} = \dfrac{R_1 \cdot R_2}{R_1 + R_2}$$

FIQUE DE OLHO!

Em textos técnicos, é comum representar dois resistores em paralelo por $R_1 // R_2$.

Na associação paralela, a potência total P_E fornecida pela fonte ao circuito é igual à soma das potências dissipadas pelos resistores ($P_1 + P_2 + ... + P_n$) e igual à potência dissipada pela resistência equivalente.

Matematicamente:

- $P_E = E \cdot I$
- $P_E = P_1 + P_2 + ... + P_n$
- $P_E = P_{eq} = R_{eq} \cdot I^2$

A Figura 8.15 mostra as potências envolvidas na associação paralela de resistores.

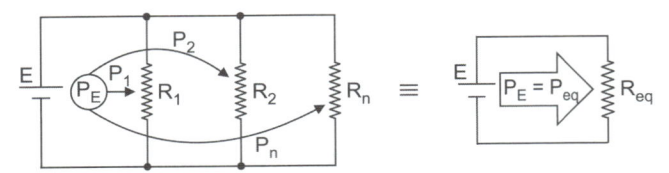

Figura 8.15 - Potências na associação paralela de resistores.

EXERCÍCIO RESOLVIDO

4. Considere o circuito abaixo formado por três resistores ligados em paralelo:

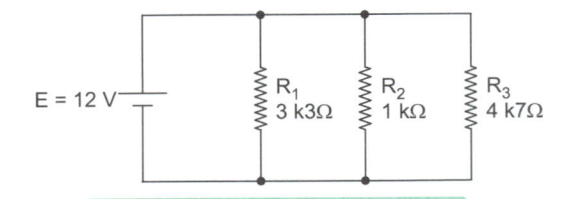

$E = 12$ V; $R_1 = 3$ k3Ω; $R_2 = 1$ kΩ; $R_3 = 4$ k7Ω

Figura 8.16 - Circuito paralelo.

a) Determine a resistência equivalente do circuito paralelo.

Solução

$$R_{12} = R_1 // R_2 = \frac{R_1 \cdot R_2}{R_1 + R_2} = \frac{3300 \cdot 1000}{3300 + 1000} = \frac{3300000}{4300} \Rightarrow R_{12} = 767{,}44 \; \Omega$$

$$R_{eq} = R_{12} // R_3 = \frac{R_{12} \cdot R_3}{R_{12} + R_3} = \frac{767{,}44 \cdot 4700}{767{,}44 + 4700} = \frac{3606968}{5467{,}44} \Rightarrow R_{eq} = 659{,}72 \; \Omega$$

b) Determine a corrente I fornecida pela fonte E ao circuito.

Solução

$$I = \frac{E}{R_{eq}} = \frac{12}{659{,}72} \Rightarrow I = 18{,}19 \cdot 10^{-3} \Rightarrow I = 18{,}19 \text{ mA}$$

c) Determine a corrente que passa em cada resistor do circuito.

Solução

$$I_1 = \frac{E}{R_1} = \frac{12}{3300} = 3{,}64 \cdot 10^{-3} \Rightarrow I_1 = 3{,}64\,\text{mA}$$

$$I_2 = \frac{E}{R_2} = \frac{12}{1000} = 12 \cdot 10^{-3} \Rightarrow I_2 = 12{,}00\,\text{mA}$$

$$I_3 = \frac{E}{R_3} = \frac{12}{4700} = 2{,}55 \cdot 10^{-3} \Rightarrow I_3 = 2{,}55\,\text{mA}$$

Observe que no circuito paralelo, quanto maior o resistor, menor é a corrente que passa por ele.

d) Verifique a validade da lei de Kirchhoff para correntes, isto é, se $I = I_1 + I_2 + I_3$.

Solução

$$I = I_1 + I_2 + I_3 = 3{,}64 + 12{,}00 + 2{,}55 \Rightarrow I = 18{,}19\,\text{mA}$$

Observe que esse valor é igual ao da corrente I calculado no item b.

e) Determine a potência fornecida pela fonte de alimentação ao circuito.

Solução

$$P_E = E \cdot I = 12 \cdot 18{,}19 \cdot 10^{-3} = 218{,}28 \cdot 10^{-3} \Rightarrow P_E = 218{,}28\,\text{mW}$$

f) Determine a potência dissipada por cada resistor.

Solução

$$P_1 = E \cdot I_1 = 12 \cdot 3{,}64 \cdot 10^{-3} \Rightarrow P_1 = 43{,}68\,\text{mW}$$

$$P_2 = E \cdot I_2 = 12 \cdot 12{,}00 \cdot 10^{-3} \Rightarrow P_2 = 144{,}00\,\text{mW}$$

$$P_3 = E \cdot I_3 = 12 \cdot 2{,}55 \cdot 10^{-3} \Rightarrow P_3 = 30{,}60\,\text{mW}$$

g) Mostre que $P_E = P_1 + P_2 + P_3$

Solução

$$P_E = P_1 + P_2 + P_3 = 43{,}68 + 144{,}00 + 30{,}60 \Rightarrow P_E = 218{,}28\,\text{mW}$$

Observe que esse valor é igual ao obtido no item e.

8.3.3 Associação mista

A *associação mista* é composta de resistores ligados em série e em paralelo, não existindo uma equação geral para a resistência equivalente, pois ela depende da configuração do circuito.

Se o circuito tiver apenas uma fonte de alimentação, a sua análise, isto é, a determinação das correntes e tensões nos diversos ramos e resistores do circuito pode ser feita aplicando apenas os conceitos de associação série e paralela de resistores, e da lei de Ohm.

8.3.3.1 Método de análise

Quando não é conhecida nenhuma tensão ou corrente interna do circuito, o método para a sua análise completa é o seguinte:

1. Calcula-se a resistência equivalente R_{eq} do circuito.
2. Calcula-se a corrente I fornecida pela fonte de alimentação à resistência equivalente, como mostra a Figura 8.17.

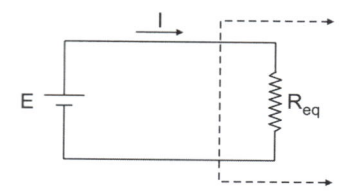

Figura 8.17 - Corrente total fornecida pela fonte de alimentação.

3. Desmembra-se a resistência equivalente, passo a passo, calculando as tensões e/ou correntes internas do circuito, conforme a necessidade, até obter as tensões e correntes desejadas (Figura 8.18).

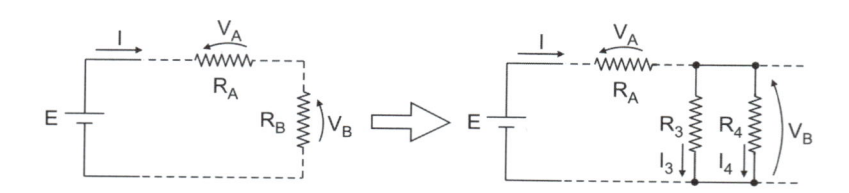

Figura 8.18 - Corrente e tensões internas do circuito.

> **FIQUE DE OLHO!**
>
> Caso alguma tensão ou corrente interna do circuito seja conhecida, a análise torna-se muito mais fácil, sendo, às vezes, desnecessário até o cálculo da resistência equivalente.

EXERCÍCIOS RESOLVIDOS

5. Considere o circuito abaixo formado por diversos resistores ligados em série e em paralelo e determine a sua resistência equivalente:

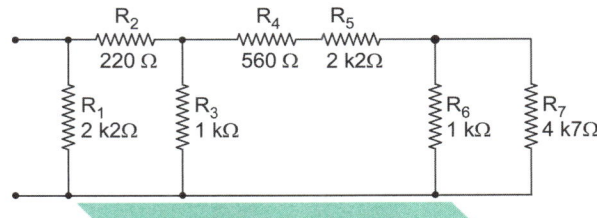

Figura 8.19 - Circuito misto.

Solução

Determinação de $R_A = R_6 \mathbin{/\mkern-5mu/} R_7$:

$$R_A = R_6 \mathbin{/\mkern-5mu/} R_7 = \frac{R_6 \cdot R_7}{R_6 + R_7} = \frac{1000 \cdot 4700}{1000 + 4700} = \frac{4700000}{5700} \Rightarrow R_A = 824{,}56 \ \Omega$$

Circuito correspondente:

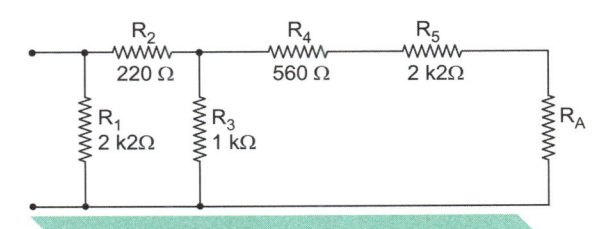

Figura 8.20 - Circuito equivalente com R_A.

Determinação de $R_B = R_4 + R_5 + R_A$:

$$R_B = R_4 + R_5 + R_A = 560 + 2200 + 824{,}56 \Rightarrow R_B = 3584{,}56 \ \Omega$$

Circuito correspondente:

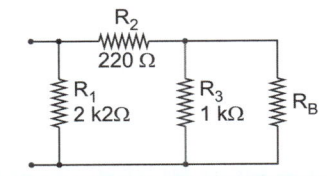

Figura 8.21 - Circuito equivalente com R_B.

Determinação de $R_C = R_3 \mathbin{/\mkern-5mu/} R_B$:

$$R_C = R_3 \mathbin{/\mkern-5mu/} R_B = \frac{R_3 \cdot R_B}{R_3 + R_B} = \frac{1000 \cdot 3584,56}{1000 + 3584,56} = \frac{3584560}{4584,56} \Rightarrow R_C = 781,88 \ \Omega$$

Circuito correspondente:

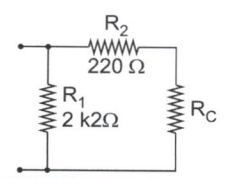

Figura 8.22 - Circuito equivalente com R_C.

Determinação de $R_D = R_2 + R_C$:

$$R_D = R_2 + R_C = 220 + 781,88 \Rightarrow R_D = 1001,88 \ \Omega$$

Circuito correspondente:

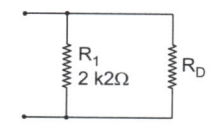

Figura 8.23 - Circuito equivalente com R_D.

Determinação de $R_{eq} = R_1 \mathbin{/\mkern-5mu/} R_D$:

$$R_{eq} = R_1 \mathbin{/\mkern-5mu/} R_D = \frac{R_1 \cdot R_D}{R_1 + R_D} = \frac{2200 \cdot 1001,88}{2200 + 1001,88} = \frac{2204136}{3201,88} \Rightarrow R_{eq} = 688,39 \ \Omega$$

Portanto, a resistência equivalente ao circuito é:

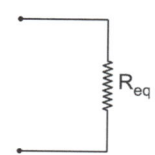

Figura 8.24 - Circuito equivalente final.

6. Determine a tensão, a corrente e a potência em cada resistor do circuito seguinte.

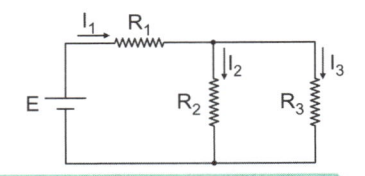

Figura 8.25 - Circuito misto.

Dados:

E = 20 V
$R_1 = 470\ \Omega$
$R_2 = 8\ k2\Omega$
$R_3 = 10\ k\Omega$

Solução

Determinação de $R_A = R_2\ //\ R_3$:

$$R_A = R_2\ //\ R_3 = \frac{R_2 \cdot R_3}{R_2 + R_3} = \frac{8200 \cdot 10000}{8200 + 10000} = \frac{82000000}{18200} \Rightarrow R_A = 4505,49\ \Omega$$

Circuito correspondente:

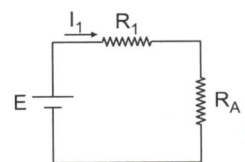

Figura 8.26 - Circuito equivalente com R_A.

Determinação de $R_{eq} = R_1 + R_A$:

$$R_{eq} = R_1 + R_A = 470 + 4505,49 \Rightarrow R_{eq} = 4975,49\ \Omega$$

Portanto, o circuito equivalente é:

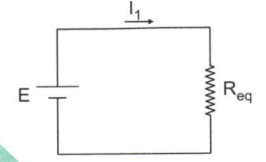

Figura 8.27 - Circuito equivalente final.

Determinação da corrente I_1 fornecida pela fonte de alimentação:

$$I_1 = \frac{E}{R_{eq}} = \frac{20}{4975,49} \Rightarrow I_1 = 4,02 \text{ mA}$$

Voltando ao circuito da Figura 8.26, determinamos as tensões V_1 e V_A, conforme a Figura 8.28:

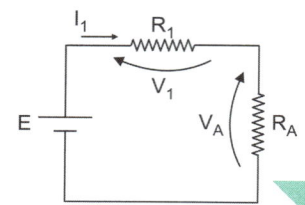

Figura 8.28 - Tensões parciais.

$$V_1 = R_1 \cdot I_1 = 470 \cdot 4,02 \cdot 10^{-3} \Rightarrow V_1 = 1,89 \text{ V}$$

$$V_A = E - V_1 = 20 - 1,89 \Rightarrow V_A = 18,11 \text{ V}$$

Voltando ao circuito inicial (Figura 8.25), determinamos as tensões V_2 e V_3 e as correntes I_2 e I_3, conforme a Figura 8.29:

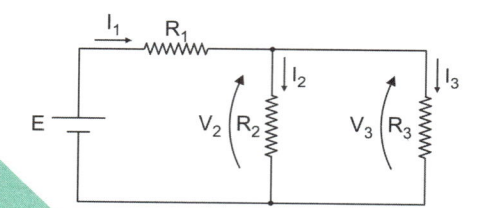

Figura 8.29 - Correntes e tensões finais.

$$V_2 = V_3 = V_A \Rightarrow V_2 = V_3 = 18,11 \text{ V}$$

$$I_2 = \frac{V_2}{R_2} = \frac{18,11}{8200} \Rightarrow I_2 = 2,21 \text{ mA}$$

$$I_3 = I_1 - I_2 = 4,02 - 2,21 \Rightarrow I_3 = 1,81 \text{ mA}$$

Determinação das potências dissipadas pelos resistores:

$$P_1 = V_1 \cdot I_1 = 1,89 \cdot 4,02 \cdot 10^{-3} \Rightarrow P_1 = 7,60 \text{ mW}$$

$$P_2 = V_2 \cdot I_2 = 18,11 \cdot 2,21 \cdot 10^{-3} \Rightarrow P_2 = 40,02 \text{ mW}$$

$$P_3 = V_3 \cdot I_3 = 18,11 \cdot 1,81 \cdot 10^{-3} \Rightarrow P_3 = 32,78 \text{ mW}$$

8.3.4 Configurações estrela e triângulo

Há circuitos em que os resistores estão ligados de forma que não se caracterizam nem como série, nem como paralelo. São dois tipos de ligação denominados estrela e triângulo, conforme mostram as Figuras 8.30(a) e 8.30(b).

(a) Ligação estrela

(b) Ligação triângulo

Figura 8.30 - Ligações estrela e triângulo.

A existência dessas configurações em circuitos dificulta o cálculo da resistência equivalente.

Para resolver esse problema, é possível converter uma configuração na outra, fazendo com que os resistores mudem de posição sem, no entanto, mudarem as características elétricas do circuito.

A Tabela 8.1 apresenta por meio de esquemas e fórmulas o processo de conversão entre essas configurações.

Tabela 8.1 - Conversão entre as configurações estrela e triângulo

Conversão estrela em triângulo	Conversão triângulo em estrela
$R_{12} = \dfrac{R_1 \cdot R_2 + R_1 \cdot R_3 + R_2 \cdot R_3}{R_3}$	$R_1 = \dfrac{R_{12} \cdot R_{13}}{R_{12} + R_{13} + R_{23}}$
$R_{13} = \dfrac{R_1 \cdot R_2 + R_1 \cdot R_3 + R_2 \cdot R_3}{R_2}$	$R_2 = \dfrac{R_{12} \cdot R_{23}}{R_{12} + R_{13} + R_{23}}$
$R_{23} = \dfrac{R_1 \cdot R_2 + R_1 \cdot R_3 + R_2 \cdot R_3}{R_1}$	$R_3 = \dfrac{R_{13} \cdot R_{23}}{R_{12} + R_{13} + R_{23}}$

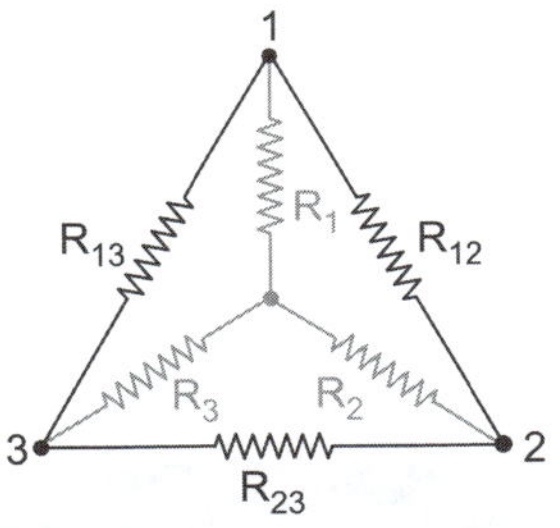

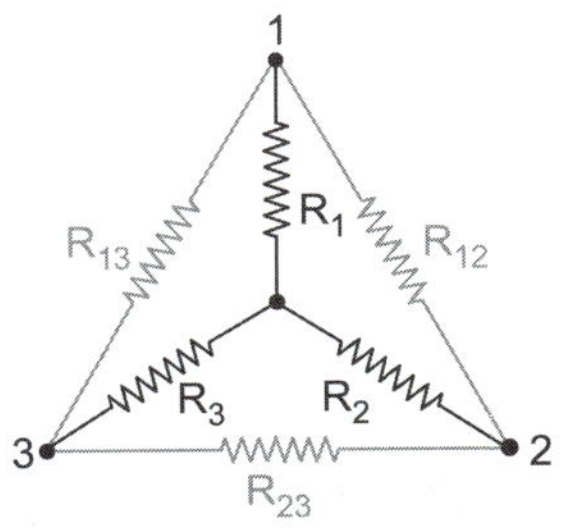

EXERCÍCIO RESOLVIDO

7. Converta a configuração estrela para triângulo:

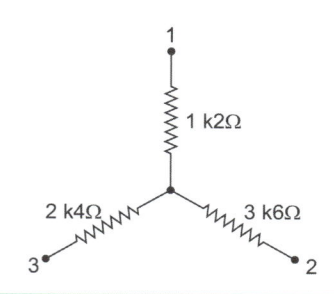

Figura 8.31 - Configuração estrela.

Solução

$$R_{12} = \frac{R_1 \cdot R_2 + R_1 \cdot R_3 + R_2 \cdot R_3}{R_3} = \frac{1200 \cdot 3600 + 1200 \cdot 2400 + 3600 \cdot 2400}{2400} \Rightarrow R_{12} = 6\,k6\Omega$$

$$R_{13} = \frac{R_1 \cdot R_2 + R_1 \cdot R_3 + R_2 \cdot R_3}{R_2} = \frac{1200 \cdot 3600 + 1200 \cdot 2400 + 3600 \cdot 2400}{3600} \Rightarrow R_{13} = 4\,k4\Omega$$

$$R_{23} = \frac{R_1 \cdot R_2 + R_1 \cdot R_3 + R_2 \cdot R_3}{R_1} = \frac{1200 \cdot 3600 + 1200 \cdot 2400 + 3600 \cdot 2400}{1200} \Rightarrow R_{23} = 13\,k2\Omega$$

VAMOS RECAPITULAR?

Neste capítulo foram estudadas as definições de nó, ramo e malha, bem como as leis de Kirchhoff. Também foram abordados os tipos de ligação dos resistores.

AGORA É COM VOCÊ!

1. No circuito da Figura 8.32, são conhecidos os valores de E_1, E_3, V_1, V_2 e V_4. Determine E_2 e V_3 para que a lei de Kirchhoff para tensões seja válida.

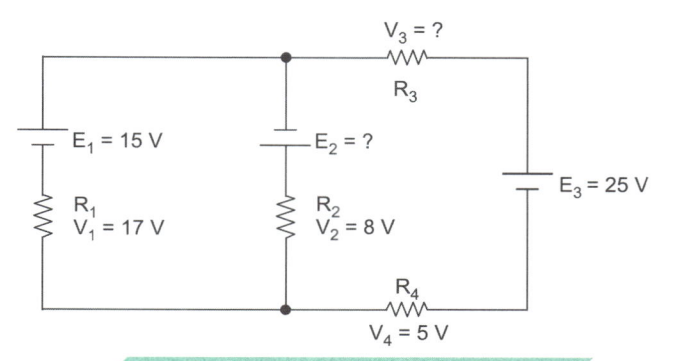

Figura 8.32 - Circuito com duas malhas.

2. Considere o circuito da Figura 8.33, no qual foram inseridos voltímetros e amperímetros digitais ideais, com as polaridades indicadas em seus terminais. Os instrumentos estão marcando valores positivos ou negativos, dependendo de as ligações no circuito estarem corretas ou não. Descubra que valores devem estar marcando os voltímetros V_1, V_2 e V_3 e o amperímetro A_1.

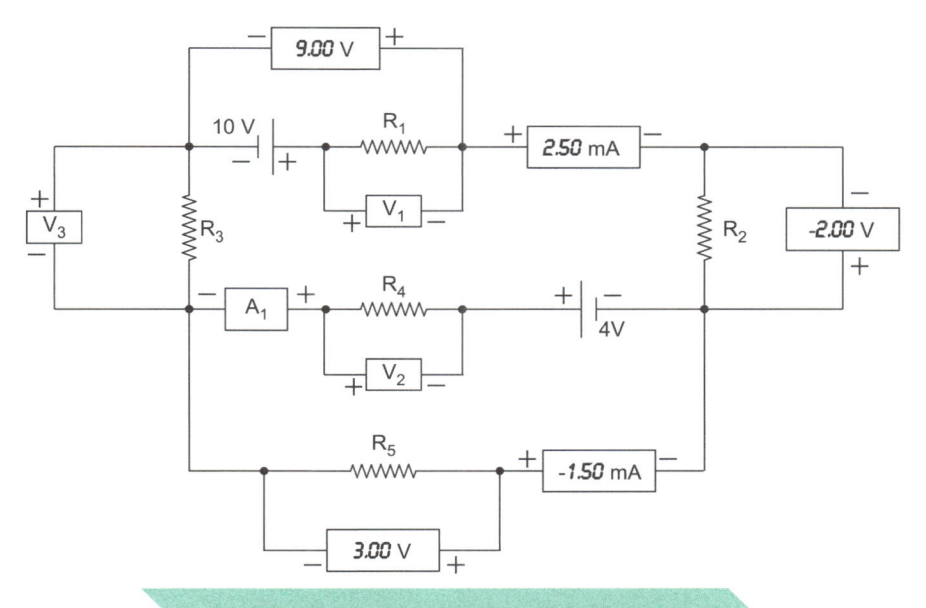

Figura 8.33 - Circuito com voltímetros e amperímetros.

3. Dado o circuito da Figura 8.34, formado por quatro resistores ligados em série, determine:

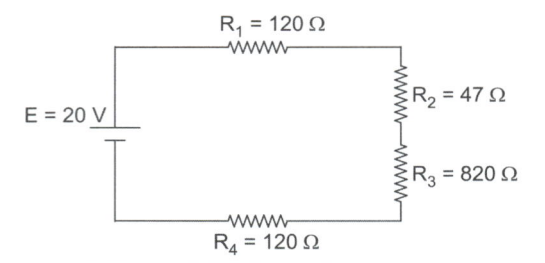

$R_1 = 120\ \Omega$
$E = 20\ V$
$R_2 = 47\ \Omega$
$R_3 = 820\ \Omega$
$R_4 = 120\ \Omega$

Figura 8.34 - Circuito série.

a) A resistência equivalente do circuito série.

b) A corrente I fornecida pela fonte E ao circuito.

c) A queda de tensão provocada por cada resistor.

d) Verifique pela lei de Kirchhoff para tensões se os resultados do item c estão corretos.

4. Dado o circuito da Figura 8.35, formado por três resistores ligados em paralelo, determine:

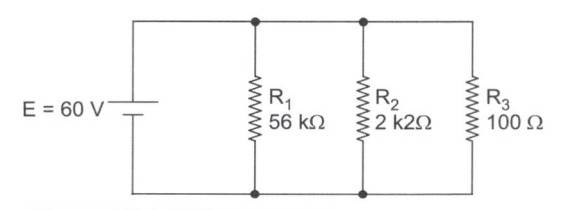

$E = 60\ V$
$R_1 = 56\ k\Omega$
$R_2 = 2\ k2\Omega$
$R_3 = 100\ \Omega$

Figura 8.35 - Circuito paralelo.

a) A resistência equivalente do circuito paralelo.

b) A corrente I fornecida pela fonte E ao circuito.

c) A corrente que passa por cada resistor.

d) Verifique pela lei de Kirchhoff para correntes se os resultados do item c estão corretos.

5. Determine a resistência equivalente entre os terminais A e B do circuito da Figura 8.36:

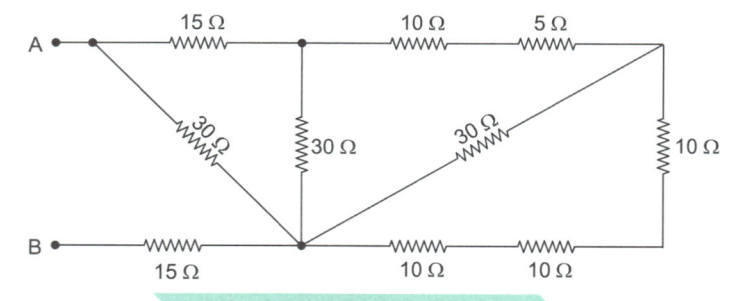

15 Ω, 10 Ω, 5 Ω, 30 Ω, 30 Ω, 30 Ω, 10 Ω, 15 Ω, 10 Ω, 10 Ω

Figura 8.36 - Circuito misto.

6. Considere o circuito da Figura 8.37 e determine:

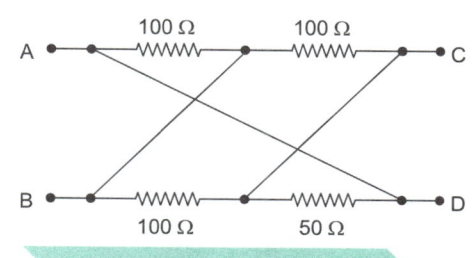

Figura 8.37 - Circuito misto.

a) A resistência equivalente entre os terminais A e B.

b) A resistência equivalente entre os terminais C e D.

7. Considere o circuito da Figura 8.38 e determine:

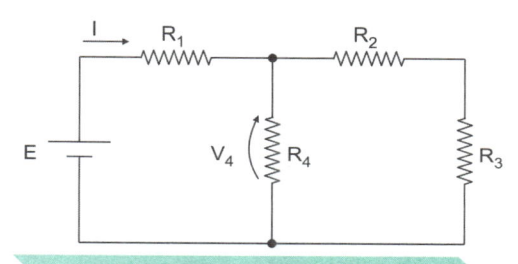

Figura 8.38 - Análise de circuito misto.

Dados:

$I = 20$ mA

$R_1 = 220\ \Omega$

$R_2 = 470\ \Omega$

$R_3 = 120\ \Omega$

$V_4 = 7,6$ V

a) A tensão E da fonte.

b) A resistência equivalente.

c) O valor aproximado de R_4.

8. Determine a tensão e a corrente no resistor R_4 do circuito da Figura 8.39.

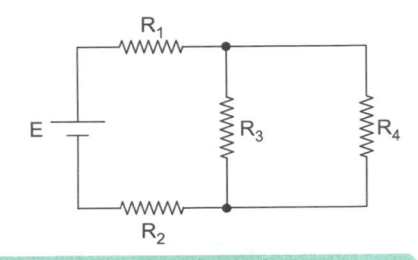

Figura 8.39 - Análise de circuito misto.

Dados:

$E = 22$ V

$R_1 = 1$ kΩ

$R_2 = 2$ k2Ω

$R_3 = R_4 = 2$ k4Ω

9. No circuito da Figura 8.40, determine a potência dissipada pelo resistor R_5.

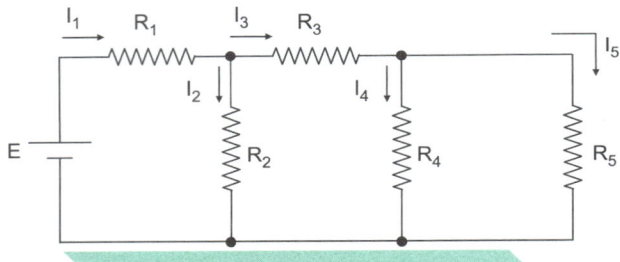

Figura 8.40 - Análise de circuito misto.

Dados:

$E = 42$ V

$I_2 = 120$ mA

$R_1 = R_3 = R_4 = R_5 = 100$ Ω

$R_2 = 150$ Ω

10. Converta os circuitos apresentados em seguida para as configurações triângulo ou estrela equivalentes.

a) [estrela com três resistores R]

b) [triângulo com três resistores R]

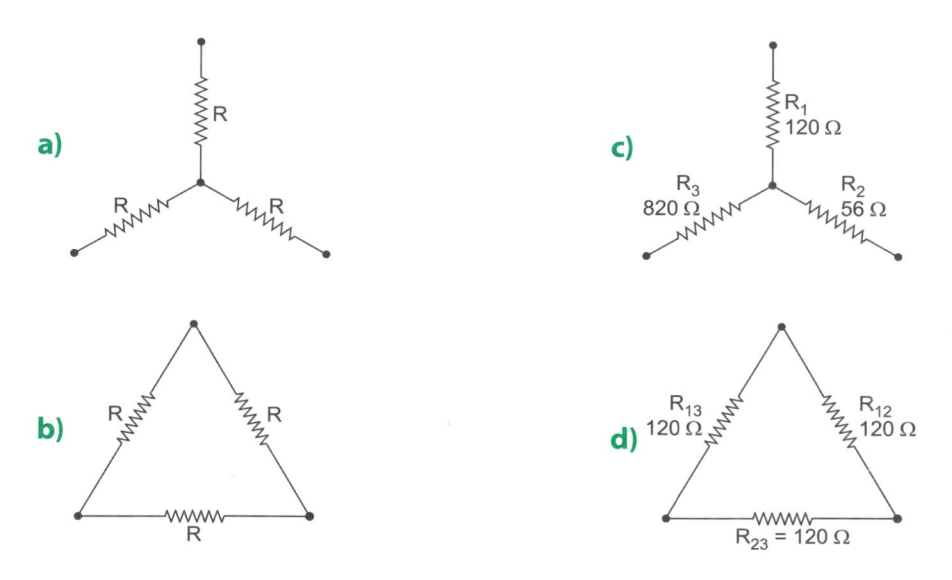

c) [estrela com $R_1 = 120\,\Omega$, $R_2 = 56\,\Omega$, $R_3 = 820\,\Omega$]

d) [triângulo com $R_{13} = 120\,\Omega$, $R_{12} = 120\,\Omega$, $R_{23} = 120\,\Omega$]

Figura 8.41 - Configurações estrela e triângulo.

11. Dado o circuito da Figura 8.42, determine a resistência equivalente e a corrente fornecida pela fonte de alimentação.

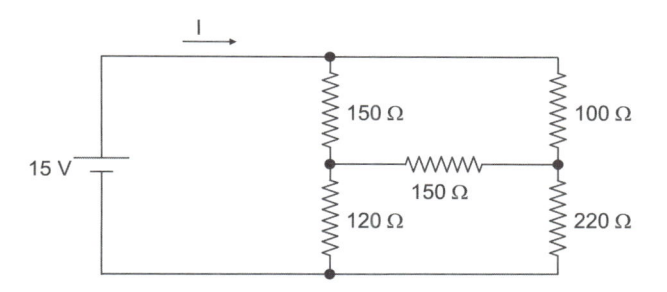

Figura 8.42 - Circuito misto com ligação estrela e triângulo.

12. Considere o circuito da Figura 8.43 e determine:

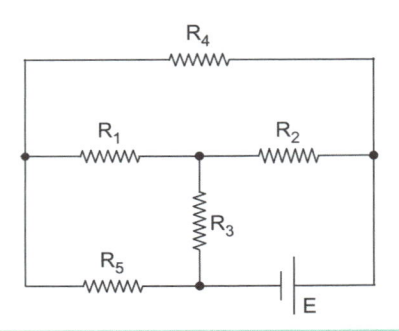

Figura 8.43 - Circuito misto com ligação estrela e triângulo.

Dados:

$E = 25\ V$

$R_1 = R_2 = R_3 = 150\ \Omega$

$R_4 = R_5 = 50\ \Omega$

a) A resistência equivalente do circuito.

b) A corrente total fornecida pela fonte de alimentação ao circuito.

9

APLICAÇÕES BÁSICAS DE CIRCUITOS RESISTIVOS

PARA COMEÇAR

Analisaremos neste capítulo os divisores de tensão e de corrente e apresentaremos as suas equações gerais.

Em seguida, mostraremos o circuito básico de uma ponte de Wheatstone, deduziremos a sua expressão característica na condição de equilíbrio e apresentaremos duas aplicações para ela: ohmímetro e medidor de temperatura.

Por fim, analisaremos diversos circuitos que têm como fundamento a lei de Ohm e o divisor de tensão e que são muito utilizados como circuitos de entrada e saída de sistemas programáveis.

9.1 Divisor de tensão

Na associação série de resistores, a tensão da fonte de alimentação se subdivide entre os resistores, formando um *divisor de tensão* (Figura 9.1).

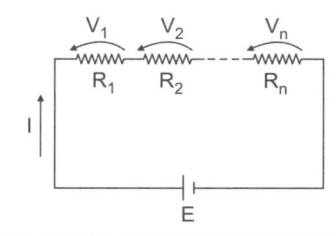

Figura 9.1 - Divisor de tensão.

Podemos deduzir uma equação geral para calcular a tensão V_i em um determinado resistor R_i da associação em função da tensão E aplicada.

A tensão V_i no resistor R_i é dada por:

$$V_i = R_i \cdot I$$

(I)

Mas a corrente I que passa pelos resistores em série vale:

$$I = \frac{E}{R_{eq}}$$

(II)

Substituindo a equação (II) na equação (I), obtém-se a equação geral do divisor de tensão:

$$V_i = \frac{R_i}{R_{eq}} \cdot E$$

A Figura 9.2 apresenta um divisor de tensão composto de apenas dois resistores.

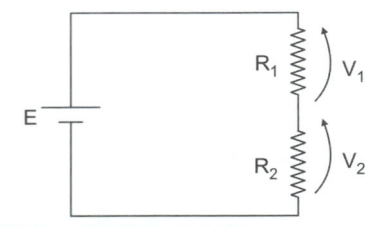

Figura 9.2 - Divisor de tensão de dois resistores.

Nesse caso, as equações de V_1 e V_2 são:

$$V_1 = \frac{R_1}{R_1 + R_2} \cdot E \quad \text{e} \quad V_2 = \frac{R_2}{R_1 + R_2} \cdot E$$

EXERCÍCIO RESOLVIDO

1. No divisor de tensão a seguir, determine a tensão V_2 no resistor R_2.

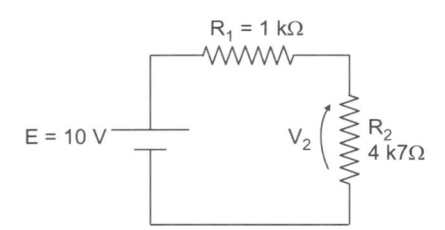

Figura 9.3 - Divisor de tensão.

120　■　■　■　ELETRICIDADE BÁSICA – CIRCUITOS EM CORRENTE CONTÍNUA

Solução

$$V_2 = \frac{R_2}{R_1 + R_2} \cdot E = \frac{4700}{1000 + 4700} \cdot 10 \Rightarrow V_2 = 8,25\,V$$

9.2 Divisor de corrente

Na associação paralela de resistores, a corrente fornecida pela fonte de alimentação se subdivide entre os resistores, formando um *divisor de corrente*, como se vê na Figura 9.4.

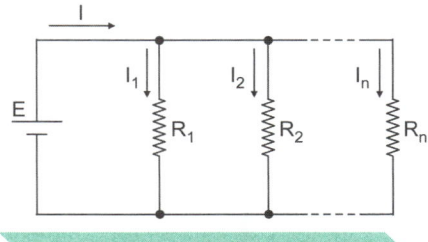

Figura 9.4 - Divisor de corrente.

Podemos deduzir uma equação geral para calcular a corrente I_i em um determinado resistor R_i da associação em função da corrente total I.

Como os resistores estão em paralelo, a corrente I_i é dada por:

$$I_i = \frac{E}{R_i} \tag{I}$$

Mas a tensão E aplicada à associação paralela vale:

$$E = R_{eq} \cdot I \tag{II}$$

Substituindo a equação (II) na equação (I), obtém-se a equação geral do divisor de corrente:

$$I_i = \frac{R_{eq}}{R_i} \cdot I$$

A Figura 9.5 apresenta um divisor de corrente formado por apenas dois resistores.

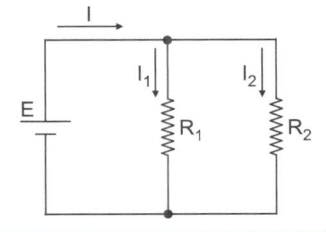

Figura 9.5 - Divisor de corrente de dois resistores.

Nesse caso, as equações de I_1 e I_2 são:

$$I_1 = \frac{R_2}{R_1 + R_2} \cdot I \quad \text{e} \quad I_2 = \frac{R_1}{R_1 + R_2} \cdot I$$

> **EXERCÍCIO RESOLVIDO**
>
> **2.** Considere o divisor de corrente abaixo e determine I_1 e I_2 a partir da corrente total I. 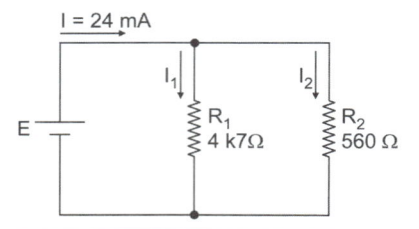
>
> **Figura 9.6 -** Divisor de corrente.
>
> **Solução**
>
> $$I_1 = \frac{R_2}{R_1 + R_2} \cdot I_1 = \frac{560}{4700 + 560} \cdot 24 \cdot 10^{-3} = 0,11 \cdot 24 \cdot 10^{-3} \Rightarrow I_1 = 2,6 \text{ mA}$$
>
> $$I_2 = \frac{R_1}{R_1 + R_2} \cdot I = \frac{4700}{4700 + 560} \cdot 24 \cdot 10^{-3} = 0,89 \cdot 24 \cdot 10^{-3} \Rightarrow I_2 = 21,4 \text{ mA}$$

9.3 Ponte de Wheatstone

9.3.1 Circuito básico e condição de equilíbrio

A *ponte de Wheatstone* é um circuito muito utilizado em instrumentação eletrônica. Por meio dela, é possível medir resistência elétrica e outras grandezas físicas, como temperatura, força e pressão. Para isso, basta utilizar sensores ou transdutores que convertam as grandezas a serem medidas em resistência elétrica.

O circuito básico da ponte de Wheatstone está mostrado na Figura 9.7.

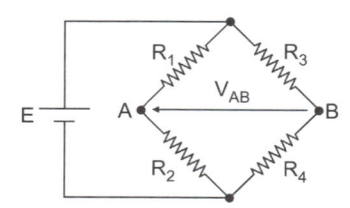

Figura 9.7 - Ponte de Wheatstone.

Na ponte, o interesse recai sobre a tensão V_{AB} entre as extremidades que não estão ligadas à fonte de alimentação.

A base do circuito é a junção de dois divisores de tensão ($R_1 - R_2$ e $R_3 - R_4$) que formam um divisor de corrente, com uma corrente passando pelo ramo do nó A e outra pelo ramo do nó B.

Para equacionar a ponte de Wheatstone, podemos desmembrá-la em duas partes, conforme a Figura 9.8.

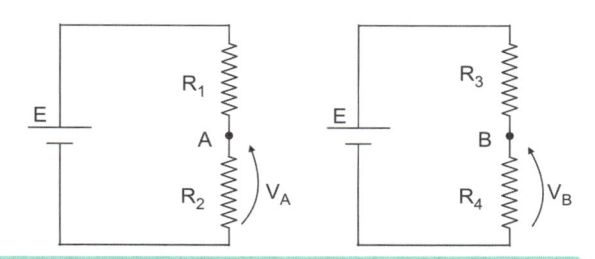

Figura 9.8 - Divisores de tensão da ponte de Wheatstone.

As tensões V_A e V_B de cada parte da ponte são dadas por:

$$V_A = \frac{R_2}{R_1 + R_2} \cdot E \quad \text{e} \quad V_B = \frac{R_4}{R_3 + R_4} \cdot E$$

Quando $V_{AB} = V_A - V_B = 0$, dizemos que a ponte encontra-se em equilíbrio. Nesse caso, $V_A = V_B$, ou seja:

$$\frac{R_2}{R_1 + R_2} \cdot E = \frac{R_4}{R_3 + R_4} \cdot E \Rightarrow R_2 \cdot (R_3 + R_4) = R_4 \cdot (R_1 + R_2) \Rightarrow$$

$$R_2 \cdot R_3 + R_2 \cdot R_4 = R_1 \cdot R_4 + R_2 \cdot R_4 \Rightarrow R_2 \cdot R_3 = R_1 \cdot R_4$$

Portanto, a condição de equilíbrio da ponte é dada pela igualdade entre os produtos das suas resistências opostas.

9.3.2 Ohmímetro em ponte

A ponte de Wheatstone pode ser utilizada para medir, com razoável precisão, resistências desconhecidas, adotando o seguinte procedimento:

1. Liga-se um milivoltímetro de zero central entre os pontos A e B.

2. Substitui-se um dos resistores da ponte pela resistência desconhecida R_X, como, o resistor R_1.

3. Substitui-se outro resistor por uma década resistiva R_D, como o resistor R_3 (Figura 9.9).

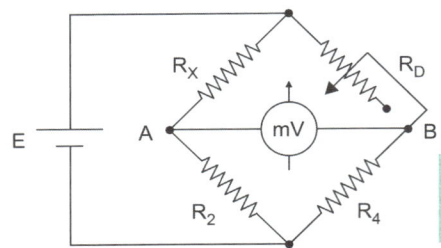

Figura 9.9 - Ponte de Wheatstone como ohmímetro.

4. Ajusta-se a década resistiva até que a ponte entre em equilíbrio, isto é, até que o milivoltímetro indique tensão zero ($V_{AB} = 0$), anotando o valor de R_D.

5. Calcula-se R_X pela expressão de equilíbrio da ponte, ou seja:

$$R_X = \frac{R_2 \cdot R_D}{R_4}$$

6. Se $R_2 = R_4$, a expressão de R_X se resume a:

$$R_X = R_D$$

AMPLIE SEUS CONHECIMENTOS

CHARLES WHEATSTONE

Físico inglês, Wheatstone ficou conhecido por ter desenvolvido a ponte de Wheatstone, usada para fazer a medida de resistências elétricas e outras medições indiretas.

Também criou a cifra Playfair, usada para criptografar mensagens, e contribuiu em diversos estudos e experimentos para medir a velocidade da luz em fios, além de outros nos campos da espectroscopia e telegrafia.

Aos 14 anos, fazia e vendia instrumentos musicais, sendo considerado o inventor do instrumento denominado concertina inglesa.

Aos 15 anos, fazia traduções de poesias para o francês e escrevia músicas.

Ainda novo, conta-se que o menino filósofo economizou dinheiro para comprar, um dia, um livro sobre as descobertas de Volta na eletricidade. Mas como o livro estava em francês, economizou novamente dinheiro e comprou um dicionário. Então começou a ler o volume e com a ajuda de seu irmão mais velho, repetiu os experimentos nele descritos com uma bateria feita em casa usando moedas de cobre.

Figura 9.10 - Charles Wheatstone (1802-1875).

Para saber mais, explore os sites: <https://global.britannica.com/biography/Charles-Wheatstone> e <www.victorianweb.org/technology/inventors/wheatstone.html>. Acesso em: 3 mar. 2018.

EXERCÍCIO RESOLVIDO

3. Na ponte de Wheatstone abaixo, qual é o valor de RX, sabendo que no equilíbrio RD = 18 kΩ?

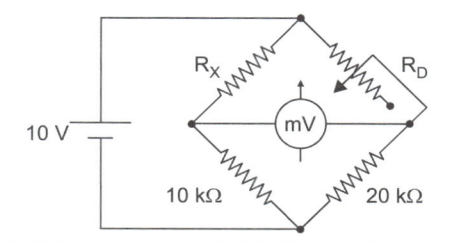

Figura 9.11 - Ohmímetro em ponte.

Solução

$$R_X = \frac{10\,k \cdot R_D}{20\,k} = \frac{10\,k \cdot 18\,k}{20\,k} \Rightarrow R_X = 9\,k\Omega$$

9.3.3 Instrumento de medida de uma grandeza qualquer

A principal aplicação da ponte de Wheatstone é como instrumento de medida de grandezas físicas diversas. Para isso, a resistência desconhecida é substituída por um sensor ou um transdutor, cuja resistência varia proporcionalmente a uma grandeza física.

Para que essa grandeza possa ser medida, é necessário que o sensor ou transdutor esteja sob sua influência e, ao mesmo tempo, ligado ao circuito de medição (ponte).

Tomemos como exemplo um medidor de temperatura: para medir a temperatura de um forno, o sensor deve estar dentro do forno e, ao mesmo tempo, ligado ao circuito. Essas duas condições impedem que a resistência do sensor possa ser medida diretamente por um multímetro, como mostra a Figura 9.12(a).

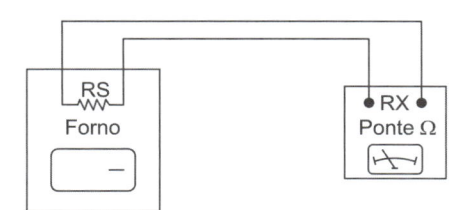

(a) Sensor da ponte instalado no forno

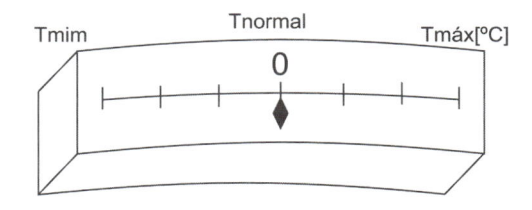

(b) Milivoltímetro graduado em temperatura

Figura 9.12 - Medidor de temperatura.

Na ponte, o desequilíbrio causado pela resistência do sensor deve ser relacionado à temperatura do forno por meio da medida indicada pelo milivoltímetro, cuja escala graduada de tensão é convertida em temperatura, como mostra a Figura 9.12(b).

Um procedimento similar pode ser adotado, usando um milivoltímetro digital. Só que nesse caso, utiliza-se um circuito para alterar os valores numéricos mostrados no display, de forma que eles correspondam aos valores de temperaturas medidos.

9.4 Circuitos para sistemas programáveis

Atualmente, há diversos sistemas programáveis usados como circuitos de controle em projetos eletrônicos. Entre eles, podemos citar os microcontroladores das famílias AT8051 e AVR, da ATMEL e da família PIC, da MICROCHIP, as plataformas microcontroladas das famílias Arduino e Raspberry e os dispositivos lógicos programáveis dos tipos CPLD e FPGA.

A aplicação de tais sistemas programáveis depende de diversos dispositivos e circuitos em suas entradas e saídas, sejam elas digitais ou analógicas, conforme ilustra a Figura 9.13.

Figura 9.13 - Diagrama em blocos genérico de um projeto com sistema programável.

Os dispositivos e circuitos de entrada e saída dependem das características técnicas dos sistemas programáveis. A maioria dos sistemas programáveis tem características próximas às fornecidas a seguir:

- tipos de entrada e saída – digital ou analógica;
- tensão dos níveis lógicos de entrada e saída – nível baixo = 0 V nível alto = 5 V;
- capacidade de corrente de saída – entre 1 mA e 40 mA;
- tensão analógica de entrada – de 0 V a 5 V;
- tensão analógica de saída – sinal do tipo PWM (pulso digital com largura variável).

LEMBRE-SE

Todos os dispositivos programáveis operam com entradas e saídas digitais, mas nem todos possuem os recursos para operarem com entradas e saídas analógicas.

Neste tópico, apresentaremos alguns exemplos de circuitos de entrada e saída muito comuns em sistemas programáveis e que operam a partir dos conceitos estudados neste livro, em particular, a primeira lei de Ohm e o divisor de tensão, apresentados, respectivamente, nos tópicos 5.3 e 9.1.

9.5 Circuitos de entrada para sistemas programáveis

Os sistemas programáveis possuem entradas digitais, isto é, que devem receber apenas dois níveis de tensão, sendo um baixo (0 V) e outro alto (5 V).

Há, porém, sistemas que possuem entradas analógicas, ou seja, que podem receber tensões de 0 V a 5 V, incluindo muitos valores intermediários, dependendo de suas especificações.

9.5.1 Entradas digitais com chaves

O circuito de entrada digital mais simples é o de chave, seja ela com trava ou sem trava e do tipo NA (normalmente aberta) ou NF (normalmente fechada).

O circuito com chave pode fornecer nível baixo (0 V) ou alto (5 V) em função do seu modo de operação. A seguir, apresentaremos dois exemplos de circuitos com chave.

CIRCUITO DE ENTRADA DIGITAL COM CHAVE - ATIVO EM NÍVEL BAIXO

O circuito da Figura 9.14 é composto de uma chave NA com trava interligando o pino de entrada do sistema programável ao GND. Entre o pino e o V_{CC} = 5 V, há um resistor, normalmente de 1 kΩ a 10 kΩ. Esse resistor é denominado *pull-up* (R_{PU}), pois ele fixa o nível lógico do pino em 5 V (nível alto) quando a chave está aberta (não ativada). Ao ativar a chave, ela fecha e leva o nível lógico do piVno para 0 V (nível baixo).

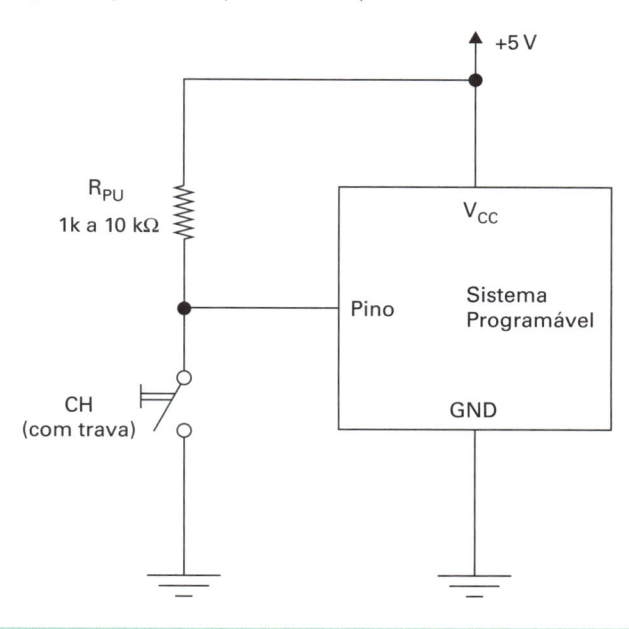

Figura 9.14 - Circuito de entrada digital com chave - ativo em nível baixo.

A explicação técnica é simples e baseia-se no conceito do divisor de tensão. Considere esse circuito como se fosse composto de dois resistores em série, sendo o inferior denominado R_{CH}, representando a resistência da chave, e o superior, RPU = 10 kΩ, representando o resistor de *pull-up* e alimentados por uma fonte V_{CC} = 5 V, conforme mostra a Figura 9.15.

Figura 9.15 - Representação do circuito de entrada digital com chave – ativo em nível baixo.

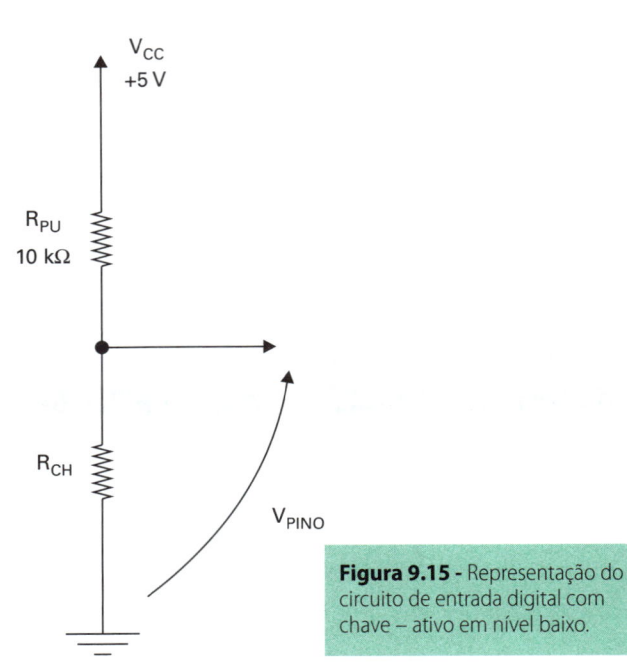

A resistência de *pull-up* tem valor fixo, R_{PU} = 10 kΩ, porém, a resistência da chave depende do modo como ela se encontra. Na sua condição normal ou destravada (NA), a sua resistência é infinita, ou seja, R_{CH} = ∞, enquanto que ativada ou travada, ela é nula, ou seja, R_{CH} = 0 Ω.

A tensão no pino do sistema programável (V_{PINO}) é a tensão sobre a chave que, de acordo com o conceito de divisor de tensão, vale:

$$V_{PINO} = \frac{R_{CH}}{R_{CH} + R_{PU}} \cdot V_{CC}$$

Na condição normal (NA), a tensão no pino vale:

$$V_{PINO} = \frac{\infty}{\infty + 10 \cdot 10^3} \cdot 5 = 1 \cdot 5 \Rightarrow V_{PINO} = 5 \text{ V} \rightarrow \text{Resistor de } pull\text{-}up \text{ garante o nível lógico alto.}$$

Na condição ativada (chave fechada), a tensão no pino vale:

$$V_{PINO} = \frac{0}{0 + 10 \cdot 10^3} \cdot 5 = 0 \cdot 5 \Rightarrow V_{PINO} = 0 \text{ V} \rightarrow \text{Com chave ativada, o nível lógico é baixo.}$$

Circuito de entrada digital com chave - ativo em nível alto

O circuito da Figura 9.16 é composto de uma chave NA sem trava interligando o pino de entrada do sistema programável à alimentação V_{CC} = 5 V. Entre o pino e o GND, há um resistor, normalmente de 1 kΩ a 10 kΩ. Esse resistor é denominado *pull-down* (R_{PD}), pois ele fixa o nível lógico do pino em 0 V (nível baixo) quando a chave está aberta (não ativada). Ao ativar a chave, ela fecha e leva o nível lógico do pino para 5 V (nível alto).

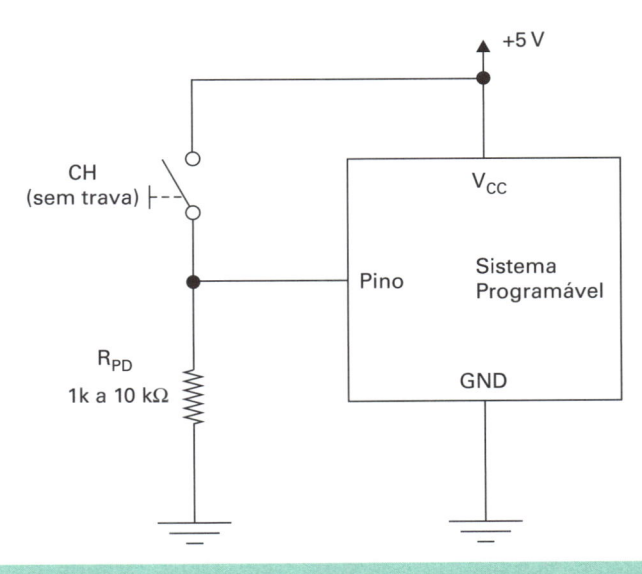

Figura 9.16 - Circuito de entrada digital com chave – ativo em nível alto.

A explicação é similar à do circuito anterior. Nesse caso, é como se esse circuito fosse composto de dois resistores em série, sendo o superior denominado R_{CH}, representando a chave, e o inferior, $R_{PD} = 1\ k\Omega$, representando o resistor de *pull-down*, ambos alimentados por uma fonte $V_{CC} = 5\ V$, conforme mostra a Figura 9.17.

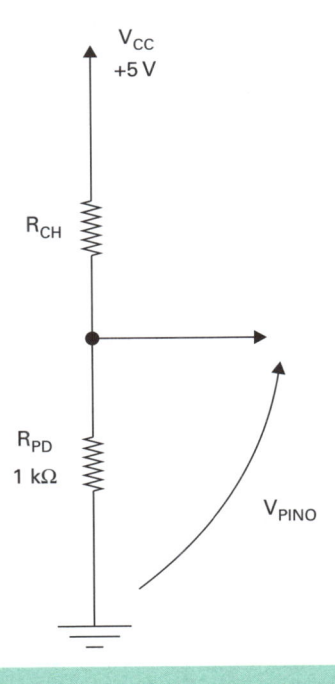

Figura 9.17 - Representação do circuito de entrada digital com chave - ativo em nível alto.

Nesse caso, a tensão no pino do sistema programável (V_{PINO}) é a tensão sobre o reisitor de *pull-down*, dada por:

$$V_{PINO} = \frac{R_{PD}}{R_{CH} + R_{PD}} \cdot V_{CC}$$

Na condição normal (NA), a tensão no pino vale:

$$V_{PINO} = \frac{1 \cdot 10^3}{\infty + 1 \cdot 10^3} \cdot 5 = 0 \cdot 5 \Rightarrow V_{PINO} = 0 \text{ V} \rightarrow \text{Resistor de } \textit{pull-down} \text{ garante o nível lógico baixo.}$$

Na condição ativada (chave fechada), a tensão no pino vale:

$$V_{PINO} = \frac{1 \cdot 10^3}{0 + 1 \cdot 10^3} \cdot 5 = 1 \cdot 5 \Rightarrow V_{PINO} = 5 \text{ V} \rightarrow \text{Com chave ativada, o nível lógico é alto.}$$

> **LEMBRE-SE**
>
> Nem todos os sistemas programáveis trabalham bem com resistor de *pull-down*, principalmente por causa de suas características de entrada digital. Por isso, o circuito anterior é sempre mais utilizado.

9.5.2 Entradas analógicas com dispositivos de resistência variável

Diversos dispositivos têm como princípio de funcionamento a variação de sua resistência em função de algum parâmetro.

Conforme já vimos no Capítulo 5, entre esses dispositivos estão o potenciômetro e o trimpot, cujas resistências variam com a posição de suas hastes de ajuste, e, conforme vimos no Capítulo 6, o LDR e o NTC têm resistências que variam, respectivamente, com a intensidade da luz e a temperatura.

Vejamos dois exemplos de circuitos de entrada analógica.

CIRCUITO DE ENTRADA ANALÓGICA COM TRIMPOT

O circuito da Figura 9.18 é composto de um trimpot R_T cujas extremidades estão ligadas a GND e V_{CC} = 5 V, estando o terminal central conectado ao pino de entrada do sistema programável.

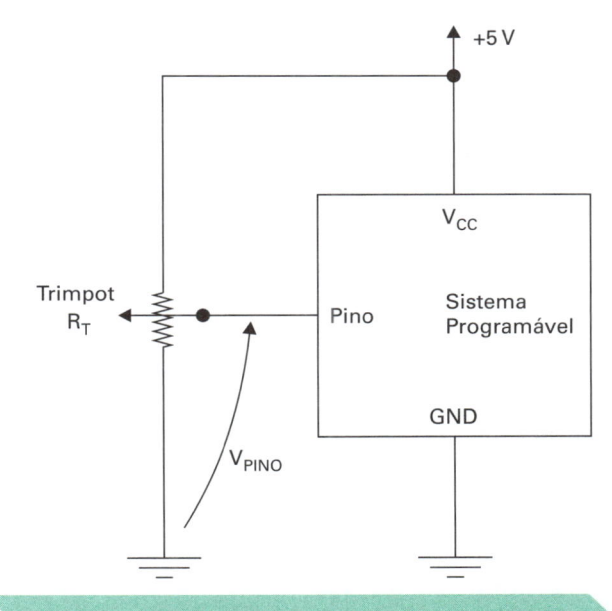

Figura 9.18 - Circuito de entrada analógica com trimpot.

Nesse caso, o trimpot funciona como um divisor de tensão resistivo de valor total R_T, sendo que o valor das resistências superior e inferior são parcelas de R_T e depende apenas da posição do terminal central.

Assim, quando o terminal central do trimpot está em contato com a extremidade ligada a GND, a resistência superior é máxima (R_T) e a inferior é nula, de modo que a tensão no pino do sistema programável também é nula (V_{PINO} = 0 V).

Estando o terminal central do trimpot em contato com a extremidade ligada a V_{CC}, a resistência superior é nula e a inferior máxima (R_T), de modo que a tensão no pino é máxima (V_{PINO} = 5 V).

Em qualquer outra posição, a tensão no pino vale entre 0 e 5 V.

Circuito de entrada analógica com LDR – Sensor de luminosidade

A Figura 9.19 representa um sensor de luminosidade composto de um LDR em série com um resistor R.

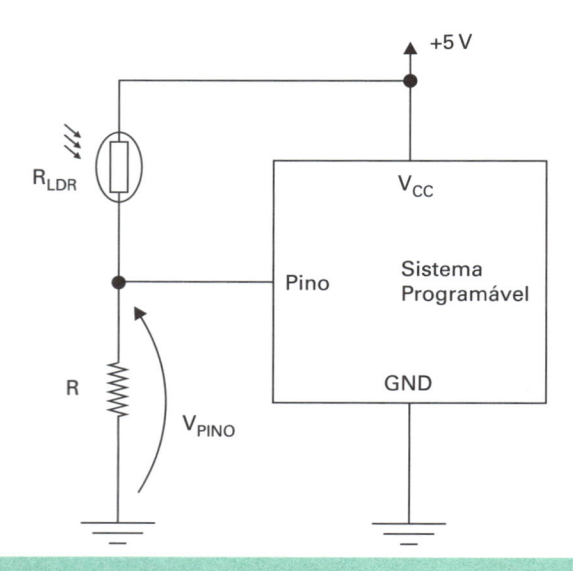

Figura 9.19 - Circuito de entrada analógica com LDR – Sensor de temperatura.

Conforme vimos no Gráfico 6.1 (Capítulo 6), a resistência do LDR diminui com o aumento da intensidade luminosa, de modo que, nesse circuito, a tensão V_{PINO} também aumenta com o aumento da intensidade luminosa.

A expressão de V_{PINO} é:

$$V_{PINO} = \frac{R}{R_{LDR} + R} \cdot V_{CC}$$

É importante saber selecionar o valor de R em função da faixa de luminosidade desejada para o sensor.

Por exemplo, para que esse sensor detecte luminosidades entre 100 e 1000 lux, é interessante que R tenha um valor intermediário entre os valores de R_{LDR} para essa faixa de luminosidade.

De acordo com o Gráfico 6.1, $R_{LDR(100\ lux)} \cong 12\ k\Omega$ e $R_{LDR(1000\ lux)} \cong 130\ \Omega$.

Nesse caso, se escolhermos o valor intermediário $R \cong 4,7\ k\Omega$ (valor comercial), a tensão no pino na freferida faixa de luminosidade será:

$$V_{PINO(100\ lux)} = \frac{4700}{12000 + 4700} \cdot 5 \Rightarrow V_{PINO} \cong 1,41\ V$$

$$V_{PINO(1000\ lux)} = \frac{4700}{130 + 4700} \cdot 5 \Rightarrow V_{PINO} \cong 4,87\ V$$

Observe que se o LDR e o resistor R forem invertidos, o comportamento do circuito também se inverte, ou seja, a tensão V_{PINO} aumenta com a diminuição da intensidade luminosa.

9.6 Circuitos de saída a LED para sistemas programáveis

9.6.1 LED – Diodo emissor de luz

LED é a sigla de *Light Emitting Diode*, que em português significa Diodo Emissor de Luz. Trata-se de um dispositivo optoeletrônico composto de dois terminais, ânodo e cátodo, que emite luz quando é percorrido por corrente elétrica em polarização direta (ânodo no potencial positivo e cátodo, no negativo), conforme se vê na Figura 9.20.

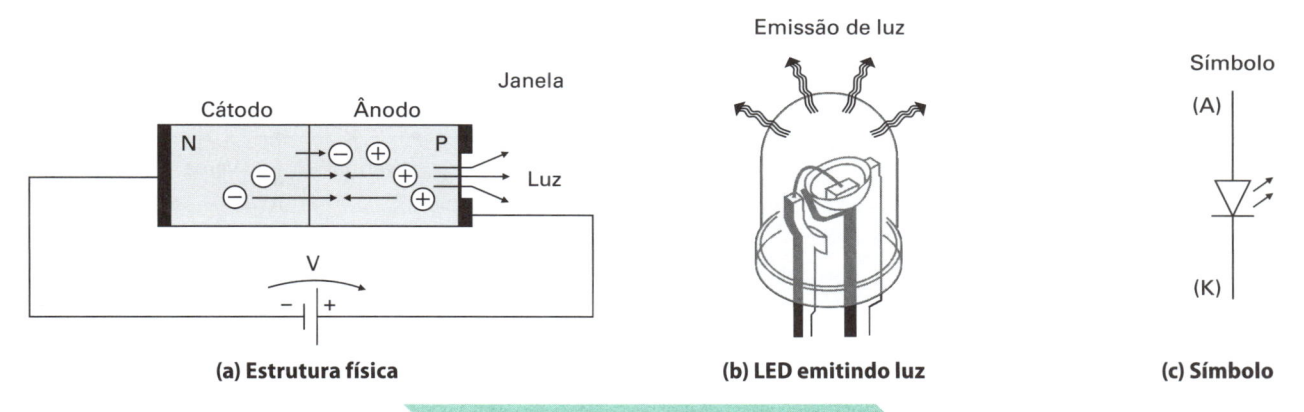

(a) Estrutura física   **(b) LED emitindo luz**   **(c) Símbolo**

Figura 9.20 - LED – diodo emissor de luz.

Quando o LED é polarizado diretamente, conforme mostra a Figura 9.21, é aplicada nele a tensão direta de condução V_F (*forward voltage*), de modo que ele é atravessado pela corrente direta I_F (*forward current*).

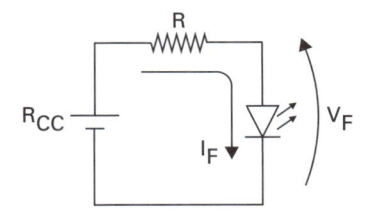

Figura 9.21 - LED polarizado diretamente.

A função do resistor R é limitar a corrente no LED para que ela seja aproximadamente igual ao seu valor de operação e não exceda o seu valor máximo, o que levaria o LED à ruptura.

Assim, a tensão V_{CC} de alimentação do circuito se subdivide entre R e o LED. Conhecendo a tensão de condução do LED (V_F) e a sua corrente de operação (I_F), o valor de R é determinado pela aplicação da lei de Ohm em R, ou seja:

$$R = \frac{V_{CC} - V_F}{I_F}$$

Os LEDs de cor única mais comuns são os de 3 mm e de 5 mm e suas principais especificações são:

- Led de 3 mm: $V_F = 2{,}0$ V e $I_F = 1$ mA
- Led de 5 mm: $V_F = 2{,}0$ V e $I_F = 10$ mA

Essas especificações são genéricas, pois há pequenas variações de tensão e corrente em função da cor do LED e do tipo (normal ou alto-brilho).

Além dos LEDs de uma única cor, há também os bicolores (vermelho e verde) de dois e três terminais e tricolores (RGB). A Figura 9.22 mostra a configuração interna desses LEDs.

(a) LED de dois terminais **(b) LED de três terminais cátodo comum** **(c) LED de três terminais ânodo comum**

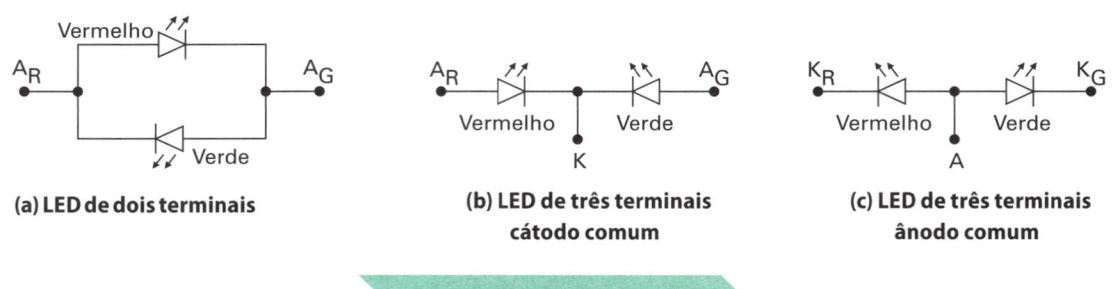

Figura 9.22 - LEDs bicolores.

No caso dos LEDs bicolores de três terminais, pode-se acender os dois LEDS simultaneamente, fazendo com que ele fique com uma coloração alaranjada.

A Figura 9.23 mostra a configuração interna dos LEDs tricolores (RGB).

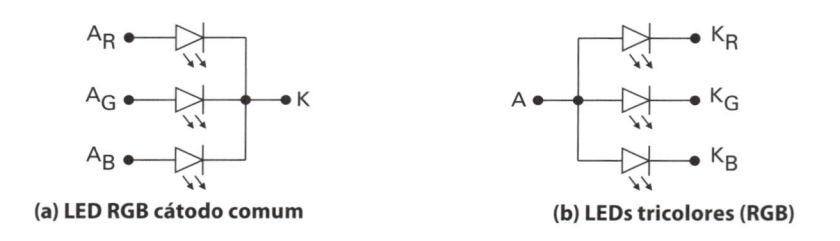

(a) LED RGB cátodo comum **(b) LEDs tricolores (RGB)**

Figura 9.23 - LEDs tricolores (RGB).

9.6.2 Circuitos de saída a LED ativo em nível alto e baixo

A Figura 9.24(a) mostra a saída de um sistema programável ativando um LED em nível alto, enquanto que a Figura 9.24(b) mostra a saída ativando um LED em nível baixo.

(a) LED ativo em nível alto

(b) LED ativo em nível baixo

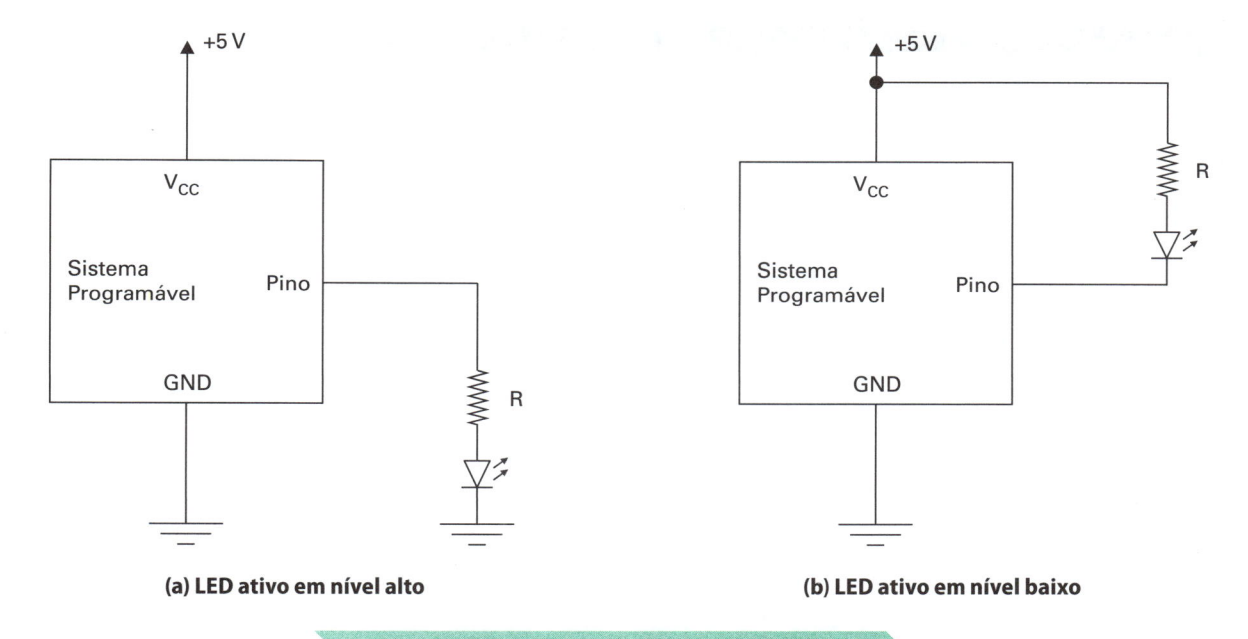

Figura 9.24 - Sistema programável ativando um LED.

No circuito da Figura 9.24(a), quando a saída está em nível baixo (0 V), não há corrente e o LED permanece apagado. A saída em nível alto (5 V) polariza o LED diretamente, surgindo uma corrente da saída para o GND, acendendo-o.

No circuito da Figura 9.24(b), quando a saída está em nível baixo (0 V), há corrente do polo positivo da fonte (5 V) para a saída, como se fosse o GND. Nesse caso, o LED acende. Por outro lado, quando a saída está em nível alto (5 V), a corrente cessa, apagando o LED.

Nos dois casos, o cálculo de R é feito pela mesma expressão apresentada anteriormente.

Outro circuito interessante, é uma única saída ativando dois LEDs, sendo um em nível baixo e outro em nível alto, conforme mostra a Figura 9.25.

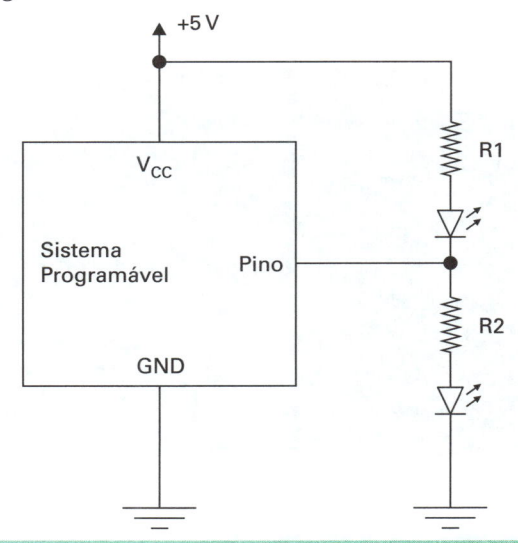

Figura 9.25 - Sistema programável ativando dois LEDs em níveis diferentes.

APLICAÇÕES BÁSICAS DE CIRCUITOS RESISTIVOS

CIRCUITOS DE SAÍDA A LED DE 5 MM ATIVO EM NÍVEL ALTO

A Figura 9.26 mostra um sistema programável ativando um LED vermelho de 5 mm em nível alto (5 V).

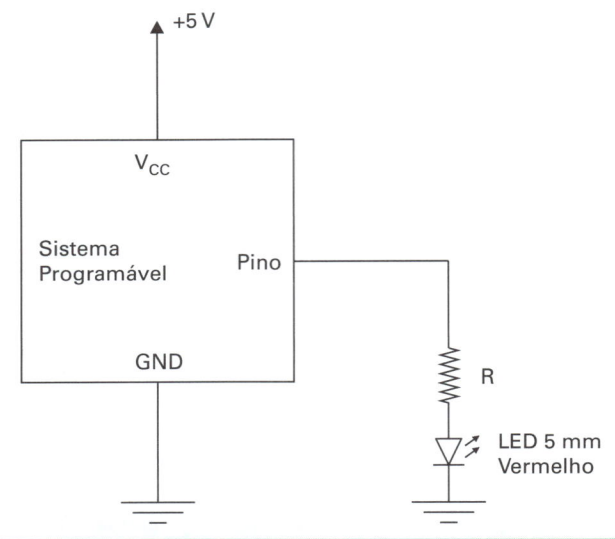

Figura 9.26 - Sistema programável ativando um LED de 5 mm em nível alto.

Nesse caso, a tensão de condução do LED é $V_F = 2{,}0$ V e a corrente direta é $I_F = 10$ mA. Como o nível alto vale 5 V, o valor da resistência é:

$$R = \frac{V_{alto} - V_F}{I_F} = \frac{5-2}{10 \cdot 10^{-3}} \Rightarrow R = 300\ \Omega$$

Portanto, qualquer valor comercial com essa ordem de grandeza pode ser usado para polarizar esse LED. Por exemplo, 220 Ω, 270 Ω ou 330 Ω.

VAMOS RECAPITULAR?

Analisamos neste capítulo os divisores de tensão e de corrente e apresentaremos as suas equações gerais.

Em seguida, analisamos o circuito básico de uma ponte de Wheatstone, deduzimos a sua expressão característica na condição de equilíbrio e apresentaremos duas aplicações para ela: ohmímetro e medidor de temperatura.

Por fim, analisaremos diversos circuitos que têm como fundamento a lei de Ohm e o divisor de tensão e que são muito utilizados como circuitos de entrada e saída de sistemas programáveis e que utilizam resistores, potenciômetros, trimpots, LDR, NTC e LED.

AGORA É COM VOCÊ!

1. Considere o divisor de tensão representado na Figura 9.27 e determine as tensões V_1 e V_2 a partir dos valores de R_1 e R_2:

   a) $R_1 = 100\ \Omega$ e $R_2 = 10\ k\Omega$

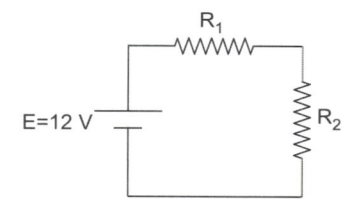

   b) $R_1 = R_2 = 8k2\ \Omega$

   c) $R_1 = 4k7\ \Omega$ e $R_2 = 15\ k\Omega$

   d) $R_1 = 22\ k\Omega$ e $R_2 = 330\ \Omega$

Figura 9.27 - Divisor de tensão.

2. Um enfeite de Natal é formado por 50 lâmpadas coloridas em série, conforme mostra a Figura 9.28.

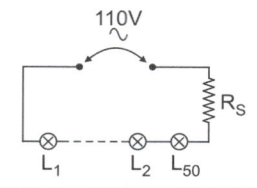

Figura 9.28 - Enfeite de Natal.

Cada lâmpada está especificada para 1,5 V / 6 mW.

   a) Determine o valor do resistor R_S para que o enfeite possa ser alimentado pela rede elétrica de 110 V.

   b) Quantas lâmpadas do mesmo tipo deveriam ser ligadas para que não precisasse do resistor R_S?

3. Considerando o divisor de corrente representado na Figura 9.29, determine I_1 e I_2.

Dados:

$I = 250$ mA

$R_1 = 100\ \Omega$

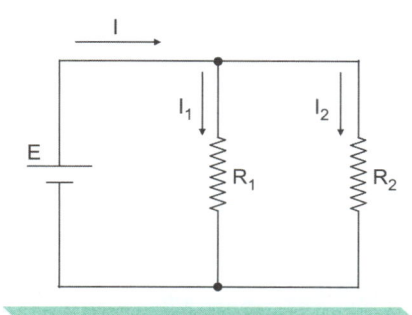

$R_2 = 10\ k\Omega$

Figura 9.29 - Divisor de corrente.

4. Considere o divisor de corrente da Figura 9.30 e determine I_1, I_2, I_3 e I_4.

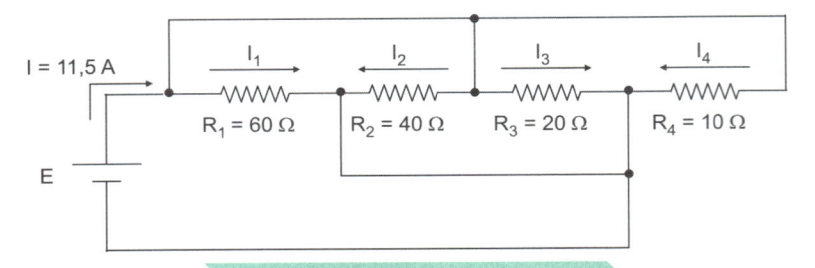

Figura 9.30 - Divisor de corrente.

5. Na ponte de Wheatstone representada na Figura 9.31, qual é o valor de ajuste de R_p para que ela atinja o equilíbrio?

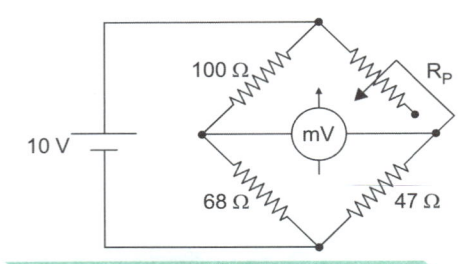

Figura 9.31 - Ponte de Wheatstone.

6. A Figura 9.32(a) refere-se a uma ponte de Wheatstone na qual uma das resistências é um sensor de temperatura R_t, cuja curva característica é apresentada na Figura 9.32(b).

(a) Ponte de Wheatstone

(b) Curva característica do sensor de temperatura

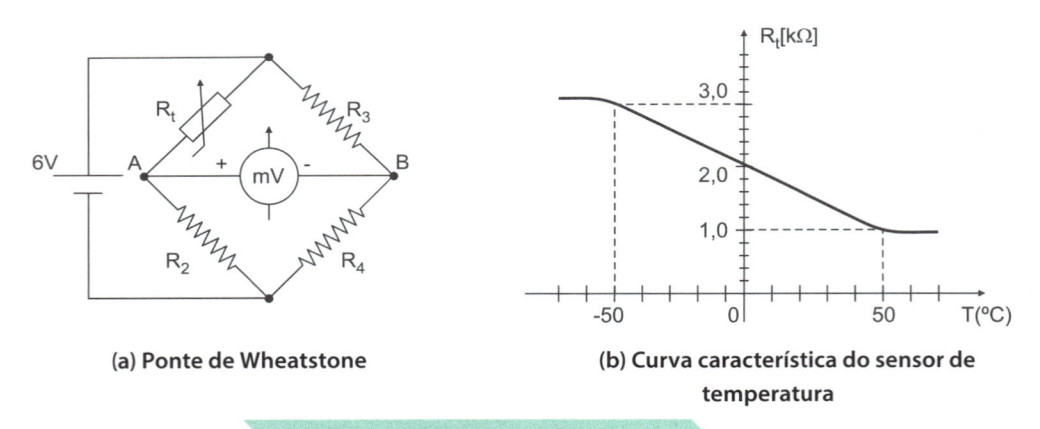

Figura 9.32 - Medidor de temperatura.

Dados:

$R_2 = R_3 = 10 \text{ k}\Omega$

$R_4 = 68 \text{ k}\Omega$

a) Em que valor aproximado de temperatura a ponte entra em equilíbrio?

b) Qual deveria ser o valor de R_4 para que o equilíbrio da ponte fosse em 0 °C?

7. Considere um circuito composto de um resistor R = 1 k ligado entre VCC = 5 V e o pino de entrada de um sistema programável e de um NTC ligado entre esse pino e o GND. A curva característica do NTC é a mesma do Gráfico 6.2. Quais as tensões no pino do sistema programável para as temperaturas 20 °C, 100 °C e 180 °C?

8. Determine o valor do resistor de polarização de um LED de 3 mm para que ele seja ativo em nível baixo pelo pino de saída de um sistema programável.